ANIMALISMO

DIVERSAMENTE

Una filosofia di vita
per chi ama gli animali e la natura

Renato Massa

INDICE

PREFAZIONE

Nella prefazione della sua ben nota opera "L'anello di re Salomone" Konrad Lorenz (1949) scrisse che il suo libro era nato da una forte sensazione di rabbia, rabbia nel vedere non solo messa per iscritto ma ormai dominante sui mezzi di comunicazione una gran quantità di sciocchezze sulla vita, sui bisogni e sui probabili pensieri degli animali. Mi trovo dunque in autorevole compagnia dato che anche questo libro è nato dalla rabbia ed è divampato come un incendio, essendo stato scritto di getto nel mese di gennaio 2013, nell'arco di soli diciotto giorni.

I motivi di questa rabbia sono legati alla totale incapacità di molte persone di comprendere le caratteristiche intrinseche sia del mondo naturale, sia di un nostro sano rapporto con gli animali, sia selvatici sia domestici e persino la natura di un sano e benefico amore nei loro confronti. Da tempo abbiamo scoperto di avere una comune ascendenza, di non avere un valore intrinseco superiore, anzi forse di non avere affatto un valore intrinseco, né noi né loro, perché questa definizione, a ben guardare, è priva di senso in quanto legata a concetti superati. Questo, però, non significa che non possiamo pur sempre difendere in modo equilibrato i nostri e i loro legittimi interessi, cercando di farlo anche nel modo più rispettoso ma anche più ragionevole possibile nei confronti di tutti gli esseri viventi di questo pianeta e di stabilire le necessarie priorità in caso di conflitto o di scarsità di risorse, che poi è un caso comunissimo. Non sempre è un compito facile e questo libro si propone in primo luogo di analizzare alcune idee di base, in secondo luogo di presentare un certo numero di situazioni pratiche cercando di sviluppare una serie di idee oggettive, aperte ed empatiche che ci possano orientare in un mondo in cui la gente che sa di meno tende a urlare sempre di più per cercare di far passare per buone le idee più stupide, più infondate e più dannose. Per risultare chiaro, dovrò incominciare dall'inizio.

R.M.

1. ORIGINI

Per molti secoli, è stata convinzione diffusa, perlomeno nel mondo occidentale, che gli esseri umani rappresentassero una categoria separata e nettamente diversa rispetto a quella degli animali. Tutte e tre le grandi religioni monoteiste hanno insegnato che l'uomo è stato creato a immagine e somiglianza di Dio mentre gli animali altro non sono che *bruti* privi di un'anima immortale, mere risorse prive di valore intrinseco, la cui esistenza è giustificata dalla sola circostanza di dovere fornire mezzi di sussistenza alla privilegiata specie umana. Questo punto di vista, forse originato tra gli ebrei erranti nel Sinai, anche in opposizione alle più sfumate credenze degli egiziani, si è trascinato nel tempo, persino aggravandosi nell'assurda filosofia dualista cartesiana, fino alla seconda metà del diciannovesimo secolo, anche a dispetto delle enormi differenze esistenti nell'ambito del mondo animale e dell'evidente estrema somiglianza di alcuni gruppi di animali con la nostra specie.

Fu la scoperta del semplice meccanismo dell'evoluzione delle specie da parte di Charles Darwin (Darwin, 1859) che diede inizio a una profonda revisione delle concezioni tradizionali, revisione che sta continuando ancora oggi e senza alcun dubbio ha provocato e sta tuttora provocando un profondo e salutare ripensamento sul posto dell'uomo nella natura (Huxley, 1863). Non c'è da stupirsi che, a partire da questo ripensamento, il pensiero umano sia andato un po' in tutte le direzioni, alla ricerca affannosa di una certezza filosofica che ancora non c'è e che forse non potrà esserci mai più. Qualcuno ha cercato di sfruttare il concetto di selezione naturale per giustificare le più estreme disuguaglianze sociali e persino la schiavitù nell'ambito della specie umana, qualcun altro ha preteso di usare l'evoluzione come una specie di clava che spazzasse via tutte le religioni e lo stesso concetto di Dio (Dawkins, 2006; Stewart-Williams, 2010), qualcun altro ancora ha reclamato l'estensione dei diritti umani agli animali o perlomeno a una parte di essi (magari non pensando affatto alle zanzare, mosche, scarafaggi, meduse etc.) e ancora c'è stato persino chi ha preteso e ancora oggi pretende di negare la realtà presente dell'evoluzione, insistendo sulla creazione del mondo, così come è fatto oggi, qualcosa come seimila anni fa.

Di tutto ciò non c'è certamente da stupirsi, considerato che nel 2013 c'è ancora chi crede nelle previsioni dell'astrologia e delle profezie Maya e chi prende per oro colato le varie mitologie religiose monoteiste o no. Mi pare tuttavia utile cercare di fare chiarezza usando, finché è possibile, il metodo scientifico e, quando questo non è più possibile, il senso comune con tutti i suoi limiti. Non mi illudo di scrivere qualcosa che abbia un grande impatto, non è facile andare contro corrente, anche quando si tratta di correnti assurde, ma spero di produrre un documento che riesca a mettere in ordine le idee meglio fondate e più ragionevoli, suggerendo a coloro che hanno responsabilità politiche, linee generali di azione.

L'universo in cui noi viviamo non è stato creato dal nulla in un determinato momento ma ha avuto origine diversi miliardi di anni fa da energia pre-esistente attraverso un processo che non tenterò qui di descrivere, che i fisici definiscono come "big bang". In pratica, dall'energia si formò la materia in forma di particelle subatomiche che quindi diedero luogo ad atomi organizzati in ammassi di stelle. Contestualmente alla formazione delle stelle vi fu quella dei sistemi solari, compreso quello di cui fa parte la Terra che, a quanto pare, ebbero origine dalla esplosione di stelle giganti (supernove) e dal successivo addensamento del materiale risultante in sistemi dotati di una stella centrale e di vari pianeti. Così ebbe origine anche il nostro sistema solare, e quando la Terra si fu sufficientemente raffreddata, le molecole organiche che si trovavano già negli oceani come frutto di reazioni chimiche inevitabili in quelle condizioni, a un certo punto, sembra 4200 milioni di anni fa, diedero origine alla vita, forse in forma di primitivi batteri. Da questo momento iniziò l'evoluzione biologica che, attraverso i suoi vari meccanismi, produsse i diversi organismi viventi, procarioti, protisti, funghi, piante, animali che rapidamente popolarono il nostro pianeta, in una prima fase solo nella sua parte acquosa e successivamente anche in quella terrestre a lungo rimasta deserta (Massa 1990).

Dopo una lunghissima era di soli procarioti (batteri e alghe azzurre), una nuova simbiosi mutualistica tra una cellula grossa e incapace di respirare ossigeno con una piccola capace di vivere e prosperare in presenza di questo gas diede origine agli eucarioti, gli organismi dotati di cellule divise in compartimenti, che tuttavia restarono piccoli e privi di scheletri ancora per molto tempo. Si deve arrivare a 600 milioni di anni fa per vedere esplodere la vita in diverse forme pluricellulari, da un lato le piante, dall'altro i cosiddetti metazoi che sono poi tutti gli animali dotati di sistema nervoso, e si deve arrivare a 340 milioni di anni fa per vedere emergere dalle acque dolci le prime piante terrestri e i primi anfibi, progenitori di tutti i futuri vertebrati capaci di camminare fuori dall'acqua.

La lunga era dei rettili che seguì ci porta fino alle soglie dei tempi moderni, 65 milioni di anni fa, quando l'estinzione dei dinosauri permise finalmente l'esplosione e la cosiddetta radiazione adattativa dei mammiferi che, fino a quel momento, erano rimasti piccoli, notturni e quasi invisibili ai rettili dominatori. I mammiferi si differenziarono in tutti gli ordini attualmente conosciuti e anche in alcuni altri che non sono giunti fino a noi. Una quarantina di milioni di anni fa erano già comparsi anche diversi Primati, le cosiddette scimmie che costituiscono l'ordine a cui noi esseri umani apparteniamo. Noi non solo discendiamo da scimmie, noi *siamo* scimmie a tutti gli effetti, siamo imparentati più strettamente con le cosiddette antropomorfe, gorilla, scimpanzé e bonobo dai quali ci separano poco più di cinque milioni di anni di evoluzione divergente. Analizzando il nostro DNA e confrontandolo con quello di queste tre specie, apprendiamo di essere più vicini allo scimpanzé e al bonobo piuttosto che al gorilla. Lo studio delle rispettive ecologie del comportamento rinforza i dati genetici dato che il gorilla è strettamente vegetariano mentre lo scimpanzé è un cacciatore di piccoli mammiferi che integra la sua dieta vegetale con circa il dieci per cento di proteine animali. La stessa cosa facevano certamente i nostri progenitori, in primo luogo il cosiddetto australopiteco che era una sorta di scimpanzé eretto che viveva in Africa 7-8 milioni di anni fa e che si estinse appena un milione di anni fa, in secondo luogo i diversi uomini preistorici, l'uomo abile (*Homo habilis*) che aveva l'abilità di lavorare la selce producendo raschiatoi ma non conosceva ancora l'uso del fuoco, e poi l'uomo cosiddetto "eretto" (*Homo erectus*) che fu il primo a usare il fuoco, non meno di mezzo milione di anni fa, e che per mezzo del fuoco certamente produsse enormi cambiamenti ambientali.

Dunque, noi siamo discendenti diretti dei primi vertebrati, dei pesci, degli anfibi e dei rettili, anche se i nostri diretti antenati in queste classi di vertebrati sono ormai scomparsi e, per renderci conto in modo preciso del loro aspetto, dovremmo ricorrere alle illustrazioni di libri o ai reperti conservati nei musei piuttosto che confrontarci con triglie, rane o serpenti, animali che hanno ormai decisamente imboccato un'altra strada evolutiva. Alla base di questa deriva ci sono stati alcuni fattori che potremmo definire violenti, in primo luogo la pratica della caccia di gruppo (già nota per gli scimpanzé) e in secondo luogo l'uso del fuoco. Proprio questi nuovi fattori essenzialmente di dominio distruttivo ci hanno sospinto su una nuova strada che, paradossalmente o forse no, ci ha fatto fantasticare circa una nostra speciale relazione con la potenza di Dio, così come chiaramente indica il mito di Prometeo. La capacità di cacciare senza possedere i mezzi naturali dei veri carnivori, combinata con una spiccata coscienza di sé, dava a quelle antiche scimmie il senso del dominio e l'illusione della superiorità dei cacciatori sulle prede. Per altro verso, il fuoco permise la distruzione di vaste foreste e la trasformazione di immensi territori che, in un tempo molto breve, si impoverirono della grande fauna che avevano ospitato per milioni di anni. Il risultato fu che i nostri antenati, per poter sopravvivere, furono obbligati a inventarsi qualcosa di completamente nuovo, quella che chiamiamo rivoluzione agricola del neolitico.

2. RIVOLUZIONE AGRICOLA

Siamo arrivati in pieno neolitico, 10 o forse 20 migliaia di anni fa. La nostra specie è ormai dominante sulla Terra, ha distrutto tutti i suoi antenati e cugini, forse anche usandoli come mere risorse alimentari. Dalle savane africane, dove era comparso a suo tempo, è ormai sparito l'australopiteco, lo scimpanzé eretto, mentre dall'Europa è stato sterminato anche l'uomo di Neandertal che era riuscito a sopravvivere fino a 50 mila anni fa ritirandosi nei luoghi più freddi e impervi del continente. Gli uomini sedicenti *sapiens* hanno ormai popolato tutta l'Africa, l'Europa, l'Asia e l'Australia e sono sul punto di raggiungere anche l'America attraverso lo stretto di Bering ghiacciato. La popolazione mondiale della nostra specie ha raggiunto i cinque milioni di cacciatori-raccoglitori, un massimo insuperabile in queste condizioni. Cacciano un po' di tutto, talvolta anche gli individui della loro stessa specie appartenenti a comunità differenti, raccolgono frutta, verdura e semi, questi ultimi divenuti sempre più abbondanti nelle vaste praterie che si sono formate in seguito agli incendi delle foreste, praticati per millenni per stanare selvaggina e per eliminare quanto più possibile i possibili nascondigli delle belve. La scarsità delle risorse aguzza l'ingegno e, a poco a poco, la caccia viene integrata sempre di più con l'allevamento di alcune specie di animali mentre la raccolta viene indirizzata sempre di più verso una forma primitiva di coltivazione dei cereali. In questo modo, la produzione di cibo viene enormemente incrementata e le piccole comunità di cacciatori-raccoglitori si trovano a diventare pioniere di una forma totalmente nuova di vita, sperimentata fino a quel momento, peraltro con un impatto ambientale enormemente minore, soltanto dagli insetti sociali, l'agricoltura e l'allevamento (Massa 1990).

Queste due nuove attività dovettero indubbiamente sconvolgere le strutture economiche e sociali che avevano caratterizzato tutte le comunità umane fino al momento della loro messa a punto. Infatti, con i nuovi sistemi, la quantità di terreno necessario per produrre di che vivere era decisamente molto minore di quella necessaria per cacciare persino in modo non sostenibile. Per esempio, su un solo ettaro (un centesimo di chilometro quadrato) di terreno fertile coltivato oggi nel terzo mondo con metodi tradizionali si può produrre ogni anno circa una tonnellata di cereali, utili per alimentare per un intero anno anche una mezza dozzina di persone. Se si dovesse raccogliere una quantità analoga di risorse per mezzo della caccia sarebbe necessario disporre di uno spazio di circa sessanta chilometri quadrati, cioè ben seimila volte superiore. E anche ammettendo che la resa delle più antiche coltivazioni fosse dieci o cento volte inferiore, il risultato resta sempre sbalorditivo: di colpo, l'agricoltura e l'allevamento riuscirono a moltiplicare per cento, per mille o anche di più la potenziale capacità della Terra di nutrire gli esseri umani. Aggiungo l'allevamento per un semplice motivo: è attraverso questa attività che è possibile raccogliere il concime necessario per fertilizzare le coltivazioni e dunque è molto probabile che agricoltura e allevamento siano state iniziate più o meno contemporaneamente. Forse fu proprio la constatazione che le piante crescevano meglio laddove si depositava lo sterco degli animali (inizialmente capre e pecore) che diede inizio alla grande avventura che portò gli esseri umani a diventare effettivamente la specie dominante, almeno dal punto di vista quantitativo. Le piccole comunità umane che, per migliaia di anni, avevano controllato territori di alcune decine di chilometri quadrati si trovarono in grado di crescere e moltiplicarsi in una misura assolutamente impensabile nel passato. Il risultato fu che le tribù divennero città-stato e poi stati con elevate densità di popolazione. Le principali conseguenze di questo processo furono almeno quattro:

1. Anzitutto, l'aumento di popolazione da un lato fornì un'arma formidabile contro i vicini che non avevano ancora conosciuto la transizione agricola, dall'altro legò definitivamente alla terra gli esseri umani che, ormai, dipendevano dalla loro attività agricola e pastorale per sopravvivere. Nessuna comunità poteva permettersi di rimanere nello stadio di caccia-raccolta, pena la distruzione da parte delle altre comunità più numerose.

2. In secondo luogo, la massiccia produzione di cibo, spesso ben oltre le necessità della comunità, consentì l'avvio del commercio e con esso l'afflusso di nuovi beni (materiali di costruzione, mezzi di trasporto) e la nascita di vere e proprie città. Gli acquirenti del cibo prodotto in eccesso potevano pagarlo in diversi modi, il più semplice essendo il lavoro necessario per produrre altro cibo. Si crearono in tal modo le premesse per la riduzione in stato di servitù di intere comunità che non riuscivano a produrre abbastanza cibo in proprio oppure non riuscivano a difenderlo in modo soddisfacente dalle mire di vicini più potenti.

3. Una tale situazione, oltre a creare le premesse dell'industria, del lavoro salariato e della schiavitù, creò anche tutte le premesse per una guerra moderna, cioè combattuta da migliaia di soldati contro altre migliaia e vinta dai più numerosi o anche dai meglio armati. Dalle armi di pietra si passò rapidamente a quelle di bronzo e quindi a quelle di ferro che in definitiva determinarono il predominio militare, politico ed economico.

4. È evidente che le specie animali che, prima di tutto questo processo, popolavano il territorio, non potevano avere altro

destino che un profondo cambiamento nella composizione delle rispettive comunità. Scomparsi gli animali della foresta per mancanza di spazi idonei, massacrati gli erbivori degli spazi aperti per motivi di competizione con gli esseri umani, avvelenati e soffocati gli animali di acqua dolce, ormai quasi del tutto privati del loro ambiente, si creava un nuovo spazio in primo luogo per gli animali domestici, nutriti e difesi dagli esseri umani in cambio dei loro servizi (energia, lana, latte, uova, carne, pelli) e in secondo luogo per piccoli animali selvatici commensali o parassiti del tipo dei topi, i ratti, i passeri, gli storni etc. che riuscivano a impadronirsi di una parte della produzione di cereali a dispetto della custodia esercitata dagli esseri umani sulle proprie risorse.

Non c'è da stupirsi se, in questo scenario, la fauna selvatica di grande taglia continuasse a perdere terreno. Una iscrizione assira di quasi tremila anni fa (anno 850 a.c.) ricorda l'uccisione di ben trenta elefanti in una sola battuta di caccia organizzata dal re Assur-nasir-pal in Mesopotamia, cioè nel territorio dell'attuale Irak. A questa varietà occidentale dell'elefante asiatico appartenevano forse anche gli elefanti che Pirro, re dell'Epiro, schierò contro Roma agli albori della storia romana, cioè solo un paio di secoli dopo o poco più. Nella stessa zona, a quei tempi si trovavano anche leoni e tigri che si estinsero invece molto più tardi. Pare che gli ultimi leoni asiatici occidentali siano stati uccisi addirittura nel 1923 e comunque, in India, ne sopravvive tuttora una piccola popolazione nella foresta di Gir.

A partire dai tempi della rivoluzione agricola e della domesticazione delle capre, pecore, cavalli, buoi e altro ancora, gli animali associati all'uomo divennero sempre più numerosi mentre tutti gli altri erano sempre più costretti a ritirarsi nei boschi, sulle montagne o verso le poche terre rimaste ancora inesplorate. Con l'agricoltura e l'allevamento, un'enorme quantità di materia vivente vegetale e animale sul pianeta venne sempre in misura maggiore destinata alla nostra specie o ai suoi simbionti, gli animali domestici. Man mano che i coltivatori-allevatori dilagavano sul pianeta, essi continuavano a crescere e moltiplicarsi sacrificando sempre nuove popolazioni di animali selvatici, milioni, anzi miliardi di animali grandi e anche piccoli privati totalmente delle risorse indispensabili per la loro vita quotidiana, dell'habitat necessario per la persistenza e la riproduzione. Dapprima invasero tutto il Vecchio Continente, poi dilagarono oltre gli oceani con i loro buoi, pecore, capre, cavalli, maiali, galline e quant'altro. Direttamente o indirettamente uccisero miliardi di esseri viventi, compresa la maggioranza dei cacciatori-raccoglitori ancora esistenti che riuscirono a scovare in Africa, Asia, America, Australia.

Quella sconvolgente invasione iniziata forse diecimila anni fa in Mesopotamia sta continuando ancora oggi, a dispetto dei presunti diritti non dico degli animali ma almeno degli esseri umani che si trovavano in precedenza nei territori che sono stati via via occupati. Non si vede il modo in cui si possa fermarla perché la popolazione umana è letteralmente esplosa. Dai 500 milioni del diciassettesimo secolo si è passati ai 5 miliardi del 1990 e ai 7 miliardi di oggi. Si tratta di una autentica tragedia che tuttavia, come spesso accade, sta per concludersi in una incredibile farsa.

3. ANIMALI DOMESTICI

Gli animali selvatici vivono in natura, si riproducono liberamente e sono soggetti alla selezione naturale che ne plasma continuamente l'aspetto esteriore e anche i comportamenti. Non sono in alcun modo soggetti a leggi umane e si procurano il cibo nei modi in cui si sono adattati a farlo nel corso dell'evoluzione, che sono i più diversi nelle diverse specie.

Gli animali domestici sono discendenti di animali selvatici che, a suo tempo, gli uomini ridussero in una sostanziale schiavitù per i motivi più diversi e custodirono accuratamente proteggendoli dai predatori, dalle malattie e dalle avversità climatiche per poterli utilizzare come essi desideravano. Ho trattato questo argomento in un libro pubblicato un paio di anni fa (Massa, 2011) e in questa sede dovrò limitarmi a presentare un rapido riassunto.

In tutto, gli animali domestici annoverano alcune centinaia di specie, il che non è davvero molto se confrontato con i milioni di specie di animali selvatici. Il più antico di tutti è il cane che poi è la versione domestica del lupo che, per cooperare alla caccia e godere dei relativi benefici, si legò ai cacciatori-raccoglitori forse già 20 mila o forse persino 40 mila anni fa cioè ben prima della rivoluzione agricola del neolitico. Molto più recente è la storia domestica del gatto che iniziò in Egitto forse cinque o seimila anni fa, quando l'attacco di topi e uccelli ai cereali ammassati incominciò a essere fortemente ridotto dai gatti a cui quell'abbondanza di prede doveva sembrare il paese del Bengodi. Il terzo mammifero carnivoro addomesticato, peraltro molto meno diffuso degli altri due, è il furetto, discendente della puzzola a quanto pare arrivato nell'antica Roma dall'oriente attraverso il Nordafrica, storicamente usato per la caccia al coniglio ma oggi perlopiù mantenuto in casa da pochi appassionati come animale da affezione. Si noti che l'animale che appare nel famoso dipinto di Leonardo da Vinci *Dama con ermellino* in realtà non è affatto un ermellino ma proprio un furetto albino, già a quei tempi mantenuto per diletto e maneggiato anche da ignare dame.

Altre specie di carnivori addomesticate sono la volpe argentata, il visone e lo zibellino, allevate in Europa orientale per le loro pellicce, attività oggi fortemente contestata da diversi gruppi che si auto-definiscono "animalisti".

Tra gli erbivori è particolare la posizione del cavallo e dell'asino, originari rispettivamente dell'Asia centrale e dell'Africa, nonché dei loro ibridi, mulo e bardotto, che furono addomesticati soprattutto per fungere da forza motrice per il trasporto di persone e cose e, più tardi, anche per lavori particolari come l'aratura, il movimento di particolari mulini a pietra, lo spostamento sulla terra e anche la guerra. Per questo motivo, tali specie vengono spesso definite "nobili" e molti ritengono disdicevole l'idea di usarle come cibo.

Ci sono poi i diversi erbivori che invece furono addomesticati proprio per la carne, oltre che per il latte, la lana, le pelli e ancora il trasporto: pecore, capre, maiali, buoi, renne, lama, cammelli, dromedari. La maggior parte di queste specie esiste tuttora anche in natura in forma selvatica, seppure con popolazioni generalmente molto ridotte, ma così non è per i bovini che discendono dall'uro, un magnifico toro selvatico che visse in Eurasia e Nord Africa fino a pochi secoli fa. I resti dei più antichi bovini domestici furono trovati nel territorio dell'attuale Turchia in scavi archeologici risalenti ad almeno 8000 anni fa. In tempi storici, la specie selvatica divenne sempre più rara finché si estinse nel 1627 anche dalle foreste della Polonia che erano state il suo ultimo rifugio, nel quale aveva anche goduto della protezione del re.

Pecore e capre si originano in Asia centrale, cammelli e dromedari ancora in Asia, i lama in Sudamerica mentre il maiale è la forma domestica del cinghiale che è tuttora ampiamente diffusa come specie selvatica in Asia e anche in Europa. Nel nostro continente è rimasta anche una traccia di una pecora asiatica in via di domesticazione, il muflone, trasportato in Sardegna e Corsica da antichi naviganti e ivi tornato allo stato brado e oggi considerato impropriamente, come specie selvatica.

Tra i piccoli mammiferi va ricordato soprattutto il coniglio, originario della penisola iberica ma dai suoi luoghi nativi portato praticamente in tutto il mondo sia come animale selvatico, sia nelle sue varie forme domestiche, sia come animale da carne, sia come animale da affezione e anche da esperimento. Per quest'ultimo scopo fu addomesticata anche la cavia, originaria delle Ande peruviane, peraltro usata a sua volta anche come animale da affezione e da carne, e lo furono anche topi e ratti, usati occasionalmente anche come animali da affezione, ma oggi rimpiazzati da questo punto di vista con i più idonei criceti siriani e mini-criceti russi. C'è infine da ricordare il cincillà, addomesticato in origine per la pelliccia ma oggi mantenuto da alcuni soprattutto come animale da affezione.

Tra gli uccelli, le specie da carne e da uova sono anzitutto il pollo, originario dell'Asia tropicale, il tacchino del Nordamerica, la faraona dell'Africa, l'oca e l'anatra europee, la quaglia giapponese. Il cigno è tenuto spesso in semi-libertà come specie ornamentale mentre i colombi sono allevati parimenti in semi-libertà, oggi più a scopo ornamentale e sportivo (gare di rientro a casa) piuttosto che per la carne. Lunghissima è poi la lista degli uccelli mantenuti e riprodotti in gabbia e voliera a scopo ornamentale e affettivo. Le due specie più note sono il canarino e il parrocchetto ondulato ma si contano almeno a decine le specie ormai pienamente domestiche e a centinaia quelle di cui sia stata ottenuta almeno qualche volta la riproduzione in cattività.

Infine, tralasciando i rettili e gli anfibi (oggi pure allevati in numeri crescenti), è necessario ricordare, tra gli insetti, almeno il baco da seta e l'ape come produttori di seta e di miele rispettivamente, e tra i pesci il pesce rosso, la carpa cinese come specie ornamentali e un numero crescente di altre specie come oggetti di acquacoltura a scopo alimentare.

Tutte queste specie, volenti o nolenti, sono state scomodate dagli esseri umani che le hanno prelevate dai loro ambienti naturali per allevarle per i motivi più diversi. Nel cane e nel cavallo vedevano un possibile collaboratore, nelle pecore in primo luogo una fonte di latte e di lana, in secondo luogo anche di carne, nei bovini una fonte di energia motrice, di latte e infine di carne, nei polli una fonte di uova, di carne e via dicendo. È chiaro che ogni animale rappresenta un caso a sé e che ogni caso cambia nel tempo e nello spazio. Per esempio, i cani vengono normalmente mangiati in estremo oriente (Cina, Tailandia, Indonesia) e questo provoca orrore e sdegno in occidente, la stessa cosa accade ai cavalli in Francia e in Italia, con totale disgusto dei britannici. Più diffusi qua e là e non solo concentrati a Vicenza (come si favoleggia) sono invece i mangiatori di gatti, con paragonabile sdegno e orrore di chi li protegge, magari andando ogni giorno in luoghi fissi per nutrirli. Proprio i gatti costituiscono un ottimo esempio di atteggiamento umano ambivalente anche nel corso dei tempi: nel medioevo erano considerati da molti come un'incarnazione del demonio e venivano bruciati, murati vivi o distrutti per mezzo di altre rozze torture, trattamento peraltro riservato anche agli eretici e alle donne accusate di stregoneria, forse perché persone più intelligenti della media. Vero è che i diversi animali sono stati addomesticati per scopi differenti ma è anche vero che non tutti gli esseri umani sono sempre stati né sono attualmente d'accordo sulla particolare utilizzazione di una certa specie o razza. Per esempio, dei piccioni esistono razze da carne, razze ornamentali e razze viaggiatrici, queste ultime con capacità più spiccate della media di ritornare a casa da un luogo remoto. Dei cani, poi, esistono razze da compagnia, da guardia, da pastore, da caccia con diverse specialità (da ferma, da cerca, da seguito), anche da combattimento, purtroppo ancora oggi usate per combattimenti illegali o detenute da persone incoscienti che molto spesso provocano gravi incidenti, con morte o mutilazione di bambini e di anziani. Inoltre, anche il mantenimento in casa di animali domestici è soggetto a mode imprevedibili. Quando io ero un ragazzo, ero uno dei pochi a desiderare di allevare in casa lucertole e serpenti mentre oggi questa attività è talmente diffusa da poter sostenere una piccola industria di produzione di insetti vivi e topolini surgelati come cibo per i suddetti che ormai sono anche disponibili in mutazioni di colore.

In occidente, la qualità del mantenimento degli animali tenuti in cattività a scopo sia commerciale sia di affezione è generalmente aumentata con l'aumentare del benessere diffuso e della corretta e civile convinzione che gli animali non soltanto possono soffrire ma possiedono anche una coscienza, spesso omologa anche se non sempre analoga in tutto e per tutto alla nostra. Purtroppo, è anche vero che si sono anche verificati e tuttora si verificano gravi abusi, soprattutto in relazione con l'allevamento intensivo di polli, tacchini e maiali per una produzione sempre più abbondante e sempre più economica.

A complicare ulteriormente la situazione sono intervenuti una trentina di anni fa alcuni filosofi di estrazione anglosassone a parlare di "diritti degli animali" (Regan, 1983; Singer, 1975) creando, a mio parere, una notevole confusione e spesso anche duri conflitti che personalmente ritengo non abbiano tanto giovato al benessere degli animali quanto alla ingiusta fama di tali cattivi maestri. Poiché tale argomento viene perlopiù usato nei confronti degli animali domestici, mi pare essenziale affrontarlo subito.

4. DIRITTI DEGLI ANIMALI?

Due filosofi di estrazione anglosassone, prima l'australiano Peter Singer (1975) e poi l'americano Tom Regan (1983) sono i personaggi più noti che hanno sostenuto la necessità di riconoscere diritti agli animali. Il pensiero di Singer deriva fondamentalmente dalle seguenti premesse:

1.   Il dolore, inteso come qualsiasi tipo di sofferenza fisica o psicologica, è negativo a prescindere da chi lo provi.

2.   Tutti noi non siamo responsabili solo di quello che facciamo, ma anche di quello che avremmo potuto impedire o che abbiamo deciso di non fare.

3.   La specie umana non è l'unica in grado di provare sofferenza o dolore. Ed è innegabile che ciò succede anche a tutti gli animali di specie non umana, molti dei quali sono in grado di provare anche forme di sofferenza che vanno al di là di quella fisica (l'angoscia di una madre separata dai suoi piccoli, la noia dell'essere rinchiusi in una gabbia senza aver nulla da fare).

Personalmente, ritengo che queste premesse siano perfettamente condivisibili in una sana ottica ecologica, evolutiva ed empatica mentre non sono affatto d'accordo con le conseguenze che il Singer tira, piuttosto indebitamente:

4. Poiché la capacità di sofferenza ci rende uguali agli animali non-umani, si deve ritenere che la sperimentazione scientifica sugli animali e il consumo di carne siano atti ingiustificabili, dettati unicamente dalla concezione specista, profondamente radicata nella civiltà occidentale odierna.

5. Nel soppesare la gravità dell'atto di togliere una vita, bisogna prescindere da specie, razza e sesso, e invece guardare ad altre caratteristiche dell'essere che verrebbe ucciso, come il suo desiderio di continuare o meno a vivere, la qualità della vita che sarebbe in grado di condurre, ecc.

Non voglio lasciarmi intrappolare in una discussione senza fine su un argomento che, sebbene evidente a un naturalista, potrebbe apparire alquanto opinabile a una persona di formazione non scientifica. Mi limiterò a osservare che non solo nella società occidentale ma in tutte le comunità umane esistono gerarchie di importanza delle diverse vite umane, figuriamoci poi quelle di specie diverse dalla nostra. Quando una nave affonda, sulle scialuppe di salvataggio si dà la priorità alle donne e ai bambini. Se un esercito nemico minaccia la sicurezza di una comunità si ritiene normale che ciascuno dei suoi membri imbracci le armi e sia disposto a uccidere e rischiare la vita per salvare la vita e la libertà dei suoi concittadini. Se un assassino minaccia di morte un parente o un amico, in genere si ritiene giusto metterlo in condizioni di non nuocere, anche a costo di doverlo uccidere. Se due persone stanno annegando e una di esse è un parente o un amico mentre l'altra è un perfetto sconosciuto, in genere si ritiene normale che il primo intervento sia a favore della persona che conosciamo.

La stragrande maggioranza delle persone umane ritiene, magari anche solo implicitamente, che esistano priorità nel caso in cui la sopravvivenza di tutti sia messa in pericolo. Inoltre, non è strano che la gente sia "specista", cioè metta in primo piano gli interessi della sua specie, non solo perché tutti gli animali lo sono ma soprattutto perché proprio per questo ogni specie esiste come comunità riproduttiva ed ecologica chiusa in sé e come entità separata dalle altre. Certamente, la storia evolutiva della vita sulla Terra ci rende tutti uguali moralmente, dai batteri e le piante fino ai vertebrati superiori, ma ciò non significa che tale eguaglianza morale debba essere vissuta passivamente, magari lasciando morire sbranato un neonato umano aggredito da ratti affamati. A torto lo specismo è stato paragonato al razzismo perché quest'ultimo implica la falsa idea di una presunta superiorità della propria particolare etnia mentre lo specismo in se stesso non implica altro che il riconoscimento delle proprie preminenti responsabilità nei confronti della particolare comunità alla quale apparteniamo, la specie umana, una sorta di famiglia allargata non solo senziente e potenzialmente raziocinante ma anche dotata di strumenti giuridici scritti per regolare i rapporti personali al suo interno. La parola "diritto" fa riferimento appunto al complesso delle norme di legge che regolano i rapporti dei diversi individui all'interno di una società umana. Tali norme danno luogo da un lato a garanzie personali che ciascuno deve far rispettare, dall'altra a corrispondenti obblighi che ciascuno deve rispettare. In questo senso, ogni persona umana è anche un agente morale dotato di personali responsabilità che implicano che, da un lato, possa essere costretto a pagare una multa o ad andare in prigione se non ha ottemperato a determinati obblighi sociali, dall'altro che possa intraprendere un'azione legale contro qualcuno che non ha ottemperato a determinati obblighi nei suoi confronti. È fin troppo evidente che nessuno potrà mai fare pagare una multa a un gatto per avere ucciso un uccello protetto e che nessun gatto potrà mai iniziare un'azione legale nei confronti di qualcuno che si sia reso colpevole di averlo maltrattato. Ciò implica chiaramente, a mio modo di vedere, che il gatto possa essere oggetto di sorveglianza e di protezione ma non soggetto di diritto.

Alcuni animalisti reagiscono a questo ragionamento obiettando che anche i minorenni e i minorati mentali non sono in grado, in modo automatico, di osservare leggi e regolamenti né di farli osservare nei loro confronti, eppure restano comunque soggetti di diritto. Per esempio, la tesi fondamentale del filosofo americano Tom Regan è che gli animali non-umani sono *soggetti di vita*, esattamente come gli esseri umani, e che, se si accetta l'idea di dare valore alla vita di un essere umano a prescindere dal grado di razionalità che questi dimostra, allora si deve dare un valore simile anche a quella degli animali non-umani.

Secondo Regan, tutti gli esseri con *valore intrinseco* hanno diritti (il valore intrinseco è, secondo lui, il valore di un soggetto al di là del suo valore in rapporto con altre persone); solo quelli che egli chiama soggetti-di-vita hanno valore intrinseco; i soggetti-di-vita sono tutti gli esseri autocoscienti, con desideri e speranze, attori deliberati con possibilità di pensare un futuro; tutti i mammiferi mentalmente normali sopra l'anno d'età, secondo Regan, sono soggetti-di-vita e quindi hanno diritti. Trattare un animale come un mezzo per un fine significa violare i suoi diritti. Come scrive l'autore nel 1985: «[...] gli animali sono trattati, di routine e sistematicamente, come se il loro valore fosse riducibile alla loro utilità per gli altri, di routine e sistematicamente sono trattati con mancanza di rispetto, e anche i loro diritti vengono di routine e sistematicamente violati».

Regan critica anche la posizione utilitarista di Peter Singer, argomentando che essa si concentra sul soggetto sbagliato, gli interessi, invece di pensare al vero soggetto, gli individui che sono portatori di tali interessi. Si tratta quindi, a ben vedere, di una estremizzazione ideologica derivata dall'individualismo americano che prende in considerazione preminente gli individui e non le comunità.

A mio parere, la parificazione tra animali ed esseri umani non regge, anzitutto perché lo specismo non è un pregiudizio infondato come il razzismo ma piuttosto una normale posizione di auto-conservazione selettiva di tutte le specie animali, e poi anche perché tutti i membri giuridicamente incapaci della nostra stessa comunità umana hanno un tutore umano che è responsabile e dovrebbe essere in grado di agire in vece loro, sia costui un genitore o un tutore legale, mentre ciò non accade per un animale selvatico o vagante del quale non si può individuare un tutore. Accade invece per un animale domestico dei cui eventuali danni provocati a terzi e della cui sicurezza è responsabile il proprietario, e mi pare proprio questo il collegamento logico che potrebbe avere sospinto una certa corrente di filosofi desiderosi di farsi notare a pretendere che gli animali domestici (evidentemente non quelli selvatici) possano essere soggetti di diritto e non soltanto oggetti di tutela.

Un ulteriore, serio problema della posizione di Regan sui diritti degli animali è legato ai conflitti tra diritti (a parità di diritti, come deve essere operata una scelta eticamente valida?) e al fatto che Regan pone l'egualitarismo a livello del soggetto per se e in maniera assoluta, totalmente slegata dal contesto. In questo modo si può arrivare a conclusioni difficilmente accettabili, come ad esempio che la vita di un ratto, in pari circostanze, vale quanto quella di un uomo. Per risolvere questo problema Regan si è trovato costretto ad accettare soluzioni non logicamente implicate dalla sua posizione di partenza. Egli infatti, accetta che in caso di conflitto d'interessi, il diritto di uno dei soggetti dovrà essere sacrificato, anche se sarà nostro dovere fare in modo di minimizzare questo sacrificio; ma, aggiunge Regan, non possiamo sacrificare il diritto di qualcuno solo perché facendolo massimizzeremmo il benessere generale, sacrificando quindi i diritti per l'utilità. In altre parole, secondo Regan, non ci è permesso di mangiare un pollo, ma possiamo difenderci da un orso che vuole mangiare noi, eventualmente anche uccidendolo.

Regan conclude quindi che tutte le pratiche che implicano l'utilizzo degli animali come mezzi per un fine sono sbagliate: allevamento di qualsiasi tipo, caccia, esperimenti di qualsiasi tipo, a prescindere da possibili risultati importanti ecc.

A me sembra, infine, che un eventuale riconoscimento giuridico di diritti agli animali, oltre a costituire in sé una posizione assurda logicamente e anche scientificamente, sollevi una quantità di problemi pratici molto maggiore di quelli che non risolva, cioè nessuno. Infatti, la tutela di tutti gli animali è comunque riconosciuta dal loro di *status* di esseri senzienti nonché di risorse naturali e quella degli animali domestici anche dal buon diritto del loro proprietario. Già oggi, la sostanziale impossibilità di garantire il godimento dei diritti fondamentali a una grandissima parte dell'umanità che si trova a essere priva delle risorse minime necessarie (acqua potabile, cibo, aria pulita, lavoro etc.) mette a dura prova il concetto stesso di diritto perché, essendo questo una creazione umana, è evidente che non ha molto senso una creazione che esiste soltanto nelle menti dei suoi creatori e in alcune piccole aristocrazie privilegiate. In effetti, il problema fondamentale dei diritti sta nel fatto che essi non esistono come tali in natura, che sono semplicemente una creazione umana, certo una creazione che ha una certa base biologica che tuttavia è valida soltanto nell'ambito della stessa specie e nei limiti della capacità umana di applicarla. Questo è un argomento molto importante ai nostri scopi e dunque sarà bene dedicargli un capitolo.

5. ECO-ETOLOGIA

La teoria di Tom Regan dei diritti degli animali è condivisa meno di tutti proprio dagli animali, ognuno dei quali, in generale, riconosce un valore intrinseco soltanto a se stesso o, al massimo, ai propri piccoli o al proprio partner e in effetti fa esattamente ciò che fa orrore a Regan, cioè considera tutti gli altri animali, appartenenti ad altre specie o anche alla propria, puramente e semplicemente come risorse. Ho scritto in altre sedi (Massa, 1990; 2011) che la teoria dei diritti degli animali è un autentico mostro ideologico figlio naturale della filosofia idealista, un sistema incapace di comprendere l'essenza della vita e avente la pretesa di assimilare la storia naturale alla civiltà umana del mondo occidentale o addirittura delle classi privilegiate degli Stati Uniti di America.

Gli animali non riconoscono a nessuno diritti di sorta e, salvo casi speciali, non provano necessariamente una particolare empatia nei confronti di altre specie e spesso neanche dei propri conspecifici. Non parliamo soltanto di leoni e tigri che almeno uccidono rapidamente le loro prede, neppure di lupi, licaoni o iene che, non essendo altrettanto forti e potenti, le tormentano a morsi spesso sventrandole per fiaccarle mentre ancora queste corrono cercando la salvezza. Questi animali hanno almeno l'attenuante estetica di essere quasi interamente carnivori, così come i gatti e le orche che tuttavia si divertono anche a giocare con le loro prede prima di ucciderle. Ben noto è il gioco del gatto col topo, un po' meno quello dell'orca con i cuccioli di otaria che vengono "lanciati" in aria con un forte colpo di coda per poi essere ripresi e rilanciati fino a spossarli e terrorizzarli prima di ucciderli. Meno nota è forse l'attività di predazione dei presunti pacifici scimpanzé sui giovani di colobo rosso (altra specie di scimmia africana), di babbuino e di altri mammiferi di media taglia come le piccole antilopi di foresta. Quando un gruppo di maschi adulti di scimpanzé riesce a catturare uno di questi animali, per prima cosa provvede a smembrarlo tirando con forza braccia e gambe in direzioni opposte fino a provocare il cedimento della pelle del ventre. Non vorrei insistere con immagini orrende, come spesso fanno gli animalisti estremisti, però debbo ribadire che l'empatia è un fenomeno relativamente raro in natura e del resto, al di là delle ipocrisie, non comune neppure tra gli esseri umani. E non c'è soltanto la predazione a regolare i rapporti di forza, c'è anche la competizione che esclude nettamente la specie meno adattata dall'accesso alle risorse usate da quella meglio adattata e, anche nell'ambito della stessa specie, crea una gerarchia di alimentazione nella quale i più forti e validi mangiano per primi trascurando gli interessi persino delle femmine e dei cuccioli dello stesso gruppo o della propria stessa famiglia.

Quando, poi, l'interesse di gruppo prevale nettamente su quello individuale, come accade tra gli insetti sociali, le società risultanti ci appaiono addirittura spaventose nella loro fredda logica di crudele efficienza collettivista. La riproduzione è centralizzata e delegata a un'unica femmina, la stragrande maggioranza degli individui vive lavorando e/o combattendo o addirittura riempiendosi a dismisura di liquidi zuccherini che poi vengono distribuiti agli operai e ai soldati in una speciale camera sotterranea nella quale gli individui-contenitori si fissano al soffitto come tanti serbatoi viventi.

Non è questa certamente la sede per elencare le particolarità dell'ecologia del comportamento riscontrabili nell'immensa varietà delle specie di animali esistenti al mondo. La scienza di oggi ci informa che molti animali non sono soltanto senzienti ma anche coscienti e pensanti in una misura che fino a poco tempo fa sarebbe stata ritenuta impensabile, ma non per questo dotati di empatia nel senso immaginato dai filosofi animalisti. Il pioniere dello studio della intelligenza degli animali, Donald Griffin (1985), riferisce il caso di uno sparviero che, avendo attaccato uno storno e trovando una certa difficoltà per sopraffarlo, gli spinse la testa sott'acqua in una pozzanghera per annegarlo: dimostrazione di lucida intelligenza e insieme di spietata determinazione a uccidere.

La verità pura e semplice è che gli animali non sanno cosa farsene dei nostri diritti. Non saranno questi a frenare i predatori né i competitori, neppure se le loro prede o i loro danneggiati fossero gli stessi filosofi che graziosamente hanno offerto loro questa novità giuridica. L'unico effetto pratico di tali diritti sarebbe la protezione da parte nostra, il che indicherebbe chiaramente che si tratterebbe di una semplice tutela e non di un conseguimento di uno status diverso. Il fatto è che dall'intelligenza alla morale c'è da percorrere una lunghissima strada che anche la nostra specie ancora è ben lungi dall'avere completato. Chiaramente, parlando di diritti degli animali, i filosofi in questione avevano in mente essenzialmente la tutela degli animali domestici dagli abusi di cui possono restare vittime in diverse circostanze. Poiché gli animali domestici vivono nel nostro stesso ambiente, i filosofi si sono illusi di poterli arruolare al cento per cento nella nostra stessa comunità. Hanno riproposto una vecchia modalità di protezione scambiandola per nuova, non hanno pensato affatto ai milioni, anzi ai miliardi di animali che muoiono ogni giorno nella cinica distruzione del loro ambiente naturale e nello sfruttamento selvaggio delle risorse del pianeta, si sono invece preoccupati della sorte degli animali domestici da compagnia e di quelli destinati a fornire beni e servizi agli esseri umani con il sacrificio finale della loro vita. Hanno ignorato i primi, lasciandoli svanire nel mondo lontanissimo dei territori degli altri e invece si sono concentrati sui secondi considerandoli ormai come concittadini da riscattare, al pari delle donne, dei negri e degli omosessuali. Hanno fatto una tragica confusione che, se da un lato danneggia la fauna selvatica del nostro pianeta, dall'altro offende i membri di diritto della nostra comunità accomunandoli con altri esseri viventi che membri di essa non sono e non potranno mai essere, non facendo parte della nostra specie.

E, a ben vedere, c'è anche di più: la finzione – ché di questo si tratta, in realtà – dell'attribuzione di diritti a esseri che, pur senzienti e intelligenti, non sono dotati di caratteristiche tali da poterne usufruire, in un certo modo degrada la stessa definizione di diritto confermando nel modo più efficace la sua riduzione a pio desiderio destinato a rimanere solo sulla carta. Questo è quanto è già avvenuto per i diritti umani che, dalla dichiarazione universale risalente ormai al 1945 ma preceduta da una elaborazione umana ormai pluricentenaria, che parte dai primi principi etici classico-europei e arriva fino al Bill of Rights (1689), alla Dichiarazione d'Indipendenza degli Stati Uniti d'America (4 luglio 1776), ma soprattutto la Dichiarazione dei diritti dell'uomo e del cittadino stesa nel 1789 durante la Rivoluzione Francese, i cui elementi di fondo (i diritti civili e politici dell'individuo) sono confluiti in larga misura in questa carta. Molto rilevanti, nel percorso che ha portato alla realizzazione della Dichiarazione, sono stati i Quattordici punti del presidente Woodrow Wilson (1918) e i cosiddetti pilastri delle Quattro libertà enunciati da Franklin D. Roosevelt nella Carta Atlantica del 1941. Infine, un ruolo fondamentale per sbloccare quella coscienza etica che sta alla base della Dichiarazione è stato certamente ricoperto dai drammatici eventi e dai milioni di morti della Seconda guerra mondiale.

Ebbene, nonostante che l'elaborazione di queste carte inizi addirittura nel diciassettesimo secolo, nonostante che i suoi principi si possano fare addirittura risalire al mondo dell'antica Grecia, essi rimangono tuttora sostanzialmente lettera morta non solo in una vasta parte del mondo in cui centinaia di milioni di persone umane sono private addirittura di cibo e acqua, ma praticamente in tutti i luoghi in cui esistano tuttora popolazioni umane indigene che conducono la loro vita in modi tradizionali. Queste popolazioni sono state oggetto di un cinico sterminio in Nordamerica, in Australia, Sudamerica, Indonesia e ovunque esse ancora esistano e purtroppo lo sono tuttora perché, nella sostanza, i rapporti umani sono regolati soltanto dalla forza. Faticoso e incerto appare il progresso del cosiddetto stato di diritto anche nei paesi che orgogliosamente pretendono di averne fondato uno e che invece dispongono di sistemi giudiziari molto pomposi nella forma ma privi di un minimo di efficienza e di equità nella sostanza. I rapporti di forza sono la norma ovunque, anche fra gli esseri umani che vivono nei paesi più avanzati, e i diritti altro non sono che una creazione umana che necessita tuttora di essere trasferita dalla carta alla realtà. Il difficile tema dei diritti ha bisogno della creazione di condizioni che diminuiscano il divario economico, sociale e culturale degli esseri umani e che quindi riequilibri in una certa misura i rapporti di forza che in realtà stanno alla base del potere nelle società umane così come in natura.

Perciò, se vogliamo fare qualcosa di concreto anche a favore degli animali, la strada maestra rimane quella della tutela, come è stato ben messo in evidenza anche da filosofi seriamente impegnati sul versante morale che non hanno in alcun modo ceduto alla tentazione di clamorosi *scoop* mediatici, per esempio l'australiano John Passmore (1974) e il britannico Roger Scruton (1996). La tutela, però, dovrebbe essere organizzata con i criteri e le necessarie limitazioni derivanti dall'oggettiva situazione in cui il nostro pianeta attualmente si trova. In altre parole, quando ci si imbatte in una situazione di conflitto di interessi (ne troveremo qualcuna già nel capitolo 9), ci si dovrebbe muovere in un'ottica universale e non particolaristica, con precedenza in favore delle specie in pericolo di estinzione.

6. NATURA E CULTURA

Gli studiosi ritengono che, prima della rivoluzione agricola del Neolitico, circa diecimila anni fa, la popolazione umana sulla Terra non superasse i 5 milioni di abitanti. Anche allora, il lungo periodo di uso e probabilmente abuso del fuoco doveva avere modificato non poco il paesaggio del pianeta con conseguenze molto forti anche sul popolamento faunistico. I paleontologi Martin e Wright (1967) hanno ipotizzato, sulla base di dati oggettivi, che, quando un pugno di esseri umani, da 11 a 7 mila anni fa, raggiunse il Nordamerica attraverso lo stretto di Bering, vi abbia causato in brevissimo tempo l'estinzione di un gran numero di specie di grandi mammiferi tra i quali mammut, mastodonti, tigri dai denti a sciabola, alla fine mettendo in crisi il proprio stesso sistema di vita per mancanza di prede adeguate ai bisogni della comunità. Dai 120 mila esseri umani che si ritiene popolassero l'Eurasia e l'Africa prima della scoperta del fuoco (un milione di anni fa) si passa al milione tondo di 300 mila anni fa nella stessa area geografica e ai cinque milioni di diecimila anni fa, ormai su tutto il pianeta.

Tuttavia, se i cacciatori-raccoglitori che usavano il fuoco non furono di certo innocui, gli agricoltori furono molto più distruttivi, sconvolgendo semplicemente il mondo, forgiandolo a loro uso e consumo, ignorando semplicemente i bisogni di tutte le altre specie. Solo grazie all'occupazione e al sistematico stravolgimento di territorio, la crescita demografica della nostra specie poté essere tanto straordinaria: 86 milioni ai tempi degli egiziani e dei babilonesi, 130 milioni ai tempi di Giulio Cesare, 550 nei primi anni del diciottesimo secolo, 1600 nel periodo del ventesimo secolo compreso tra le due guerre mondiali (90 anni fa), 2400 milioni alla nascita dell'autore di questo libro (1943), oltre 7000 milioni oggi. In diecimila anni, la densità di popolazione umana ha subito un aumento di oltre mille volte e la Terra ha totalmente cambiato la sua faccia, diventando una sorta di allevamento intensivo di esseri umani e animali domestici. Per comprendere la situazione attuale dei rapporti tra la specie umana e la maggior parte delle altre specie, bisogna rendersi conto che oggi noi siamo letteralmente migliaia di volte di più del numero massimo che la Terra avrebbe potuto supportare senza le gravi alterazioni ambientali che invece ha subito. Pertanto, se è vero che noi siamo una specie come tutte le altre dal punto di vista della storia evolutiva, è anche vero che il nostro dominio ecologico e demografico è un fatto talmente straordinario da non consentire obiezioni di sorta. L'attuale demografia umana è sostenuta non solo dalla trasformazione delle foreste e delle paludi in aree agricole ma anche dalla tecnologia attuale che consente di usare macchine agricole, allevare migliaia di animali da carne in spazi molto ristretti e distribuire rapidamente i prodotti su tutto il pianeta con navi, aerei, camion, treni e via dicendo.

Le specie di grandi mammiferi e uccelli selvatici sono state ridotte ad ambienti marginali, vorrei dire quasi interstiziali, mentre i nostri animali domestici, da noi nutriti, protetti dai predatori e moltiplicati in misura senza precedenti, si sono enormemente diffusi e popolano l'intero pianeta con numeri che superano di molti ordini di grandezza quelli di tutti gli animali selvatici di pari taglia. Per fare un semplice esempio, nella sola Italia, nel 2002, erano presenti 6,9 milioni di cani e 7,4 milioni di gatti domestici mentre negli

Stati Uniti d'America i cani, nel 2011, erano 78 milioni e i gatti 86 milioni. Se poi andiamo a considerare gli animali domestici da reddito, il cosiddetto patrimonio zootecnico italiano, nel 2010, comprendeva 5,8 milioni di bovini, 9,3 milioni di maiali, 7,9 milioni di pecore, poco meno di un milione di capre, 400 mila cavalli. Un discorso speciale merita la cosiddetta produzione avicola, cioè il numero di polli, tacchini e altri uccelli da cortile prodotti annualmente per la carne o le uova, che a livello mondiale raggiunge e supera la rispettabile cifra di 50 miliardi! Si pensi che, nella sola Unione Europea, la produzione di carni avicole è di 11,88 milioni di tonnellate all'anno che corrisponderebbe pressappoco a 5 miliardi di polli da 2 kg circa ciascuno. Un gran numero di polli è anche allevato per la produzione di uova delle quali, nel solo Regno Unito, c'è un consumo di 29 milioni di unità al giorno. È chiaro come una produzione tanto massiccia comporti enormi problemi tecnici, ecologici ed etici che più avanti in questo libro cercherò senz'altro di affrontare. In questa sede, però, il mio intendimento è solo di sottolineare che questa enorme produzione di animali domestici da affezione e da reddito, insieme con il continuo aumento demografico della nostra specie, ha la conseguenza di una occupazione pervasiva dell'intero pianeta la cui capacità di produzione biologica viene, per così dire, forzatamente deviata dalla sua destinazione naturale a una nuova destinazione ad esclusivo uso umano. Crollano le popolazioni di tutte le specie di animali selvatici legati ad ambienti naturali e crescono quelle degli animali domestici, siano esse da reddito o da affezione. All'inizio del ventesimo secolo, le tigri in natura erano ancora circa centomila mentre oggi la popolazione è ridotta a poco più di duemila individui frazionati in nuclei minimi dove ancora esiste un po' di foresta. Una sorte ancora peggiore è toccata ai rinoceronti dei quali gli ultimi rappresentanti vengono raggiunti dai bracconieri persino nel cuore dei parchi nazionali. I bisonti americani, che erano 75 milioni all'inizio del secolo diciannovesimo, sono oggi ridotti a poche migliaia in alcuni residui protetti di prateria. In generale, tutta la grande fauna e buona parte della piccola fauna vertebrata risulta in declino per un motivo o per l'altro e sono pochissime le specie che, essendosi adattate a vivere in aree urbane, suburbane o rurali, presentano popolazioni stabili o addirittura in aumento.

La gente non percepisce questo gigantesco dramma perché, vivendo in città, si abitua a considerare come paesaggio normale l'intrico di case, vie, semafori, auto, moto e tram che ogni giorno si trova davanti agli occhi insieme con i soliti passeri, storni e piccioni. Di fronte agli apocalittici eventi che stanno trasformando l'intero pianeta in un'immensa distesa di città, coltivazioni intensive e allevamenti intensivi, i pochi ambienti naturali residui, parchi di diverso tipo e riserve, assumono in misura sempre maggiore l'aspetto e anche il ruolo di autentiche riserve indiane nelle quali si tenta di preservare, tra mille difficoltà e con mille limitazioni, le ultime testimonianze di un passato splendore destinato comunque a un'inevitabile fine. Dico questo non per un deprecabile pessimismo ma perché è ormai ben noto che le aree protette non possono efficacemente funzionare se non coprono territori che si estendano in modo adeguato e che siano anche supportati da zone tampone e corridoi ecologici che, pur essendo destinati a un uso multiplo, siano anche caratterizzati da un certo grado di naturalità. Con i numeri attuali di esseri umani e di animali domestici, l'umanità non va da nessuna parte, deteriora il territorio e ben presto dovrà pagare il prezzo di questo deterioramento. Oggi si sa che le conseguenze di questa situazione non si limitano alla perdita di biodiversità ma comprendono anche il cambiamento climatico che abbiamo già iniziato a sperimentare in forma di tempeste, alluvioni, lunghe estati secche, aumenti della temperatura media, fusione dei ghiacciai, innalzamento del livello del mare eccetera.

Dunque, il problema reale è ben diverso da quello che i cosiddetti filosofi animalisti hanno cervelloticamente sviluppato con la geniale (per la loro notorietà) trovata dei diritti degli animali. Se non si troverà una, peraltro difficilissima, via di uscita, i presunti diritti non solo degli animali ma persino delle popolazioni umane che per lungo tempo sono state economicamente privilegiate appariranno ben presto come una mera illusione velleitaria. Dobbiamo renderci conto che il pianeta non può sopportare una crescita infinita della nostra specie con il suo vasto corteggio di animali domestici e piante coltivate. Dobbiamo trovare una via di uscita e, per potere iniziare a ragionare sulle possibili direzioni da seguire, per prima cosa dobbiamo liberarci da quelli che Passmore chiama "rottami", idee infondate peraltro predicate con una insistenza e una dogmatica certezza inversamente proporzionali al loro valore teorico e pratico. Oggi, come naufraghi in mezzo all'oceano, per sviluppare una strategia di salvezza, in primo luogo dobbiamo renderci conto della nostra condizione e non perdere tempo in sciocchezze che altro non faranno se non distrarci dagli autentici problemi e contribuire a mandarci definitivamente a fondo.

7. UN MONDO AUSPICABILE

Per un momento, dimentichiamo tutti i crucci e i limiti del nostro mondo reale e immaginiamo ciò che sembra impossibile, cioè di potere organizzare la nostra vita nel modo più conveniente per tutti. Si tratta di partire da due dati di fatto: per vivere sulla Terra rispettando *integralmente* l'ambiente, dovremmo tornare a essere cinque milioni di abitanti mentre oggi la popolazione umana mondiale è arrivata a sette miliardi, millequattrocento volte di più, con tutti i relativi problemi che ne conseguono. Avremmo bisogno di non aumentare più assolutamente, anzi avremmo bisogno di una decrescita, però dovremmo programmarla in modo saggio, evitando cataclismi (del resto poco efficaci da questo punto di vista), epidemie, cali troppo repentini e tutti i vari fenomeni che, oltre tutto, i demografi temono per le loro conseguenze sociali. Tuttavia, se la popolazione umana si è letteralmente triplicata in sessant'anni, in teoria dovrebbe essere possibile ridurla almeno del cinquanta per cento nei prossimi cento anni. L'esempio positivo è offerto dalla Repubblica Popolare Cinese che è riuscita praticamente a bloccare il proprio aumento demografico per mezzo di efficaci leggi. Paradossalmente, in occidente questa azione viene considerata contraria ai "diritti umani", evidentemente valutando che tra i diritti umani debba essere compreso quello di fare tanti figli quanti ne capitano, mettendo in difficoltà sia la propria famiglia sia il proprio paese, sia la comunità mondiale. È evidente, d'altra parte, che su un pianeta limitato la crescita non può essere illimitata e che pertanto, prima o poi, sarà comunque necessario ricorrere a leggi restrittive in materia di procreazione. Ora, a mio parere, sarebbe molto meglio farlo prima, programmando una politica idonea per stare a questo mondo nel modo migliore possibile, noi stessi, i nostri animali domestici e quelli selvatici, piuttosto che agire convulsamente all'ultimo momento, nell'emergenza. Tuttavia, mi rendo conto delle difficoltà legate alla situazione attuale, di sostanziale ignoranza e superstizione della grande maggioranza della popolazione umana e anche del frazionamento dell'autorità in una pletora di piccoli domìni nazionali sostanzialmente privi di potere reale ma più che mai decisi a difendere le apparenze e persino a moltiplicarsi per gemmazione-secessione. In tale situazione è poco probabile che si possa procedere non dico all'attuazione ma anche soltanto allo studio di un modello ragionevole di occupazione del suolo.

Oggi, i modelli matematici consentono di fare previsioni e le previsioni potrebbero consentire uno sviluppo economico, ecologico e demografico pianificato in modo opportuno. Se volessimo vedere decrescere il numero di esseri umani su questo pianeta, potremmo cercare di pianificare il modo di ottenere un tale risultato senza eccessivi contraccolpi nella composizione in classi di età, anche vuotando opportunamente alcune zone e riempiendone altre e in tal modo proteggendo efficacemente l'ambiente. Il modello dovrebbe tener conto della disponibilità di acqua, della produzione di cibo di origine vegetale o animale e via dicendo. Tuttavia, per passare dalla carta alla realtà, è necessario che le cose vadano così come sono state previste e, a tal fine, è probabilmente necessario esercitare sui protagonisti umani un certo grado di costrizione o perlomeno di persuasione nei confronti di determinati comportamenti. Con tutto ciò non voglio suggerire nulla, sarebbe comunque inutile, ma solo sottolineare che gli strumenti di pianificazione, a ben guardare, esistono. In questa sede vorrei solo presentare una mia personale utopia per un mondo futuro che offra agli esseri umani, ai loro animali domestici e agli animali selvatici un maggiore benessere e quindi, presumibilmente una maggiore felicità.

Gli esseri umani hanno bisogno di zone urbane per vivere e per realizzare una certa parte del loro lavoro, hanno bisogno di zone agricole per produrre il cibo necessario e hanno bisogno di ambienti naturali per una lunga serie di motivi che in questo luogo darò per scontati, in primo luogo come riserve di territorio e per consentire la sopravvivenza della fauna e della flora naturale che costituiscono le bellezze naturali di questo pianeta. Idealmente, io penso che i tre quarti del territorio esistente dovrebbero essere destinati alla conservazione della natura e il rimanente quarto potrebbe essere usato in parte per abitarvi e in parte per produrre cibo. Del resto, nella situazione attuale, il terreno coltivabile copre poco più di 15 milioni di chilometri quadrati e le praterie in cui è possibile allevare animali erbivori di ogni genere altri 30 milioni di chilometri quadrati. Nel complesso, si arriva così a quasi un terzo della superficie delle terre emerse che coprono, in tutto, poco meno di 150 milioni di chilometri quadrati. Questi rapporti non sono facilmente modificabili, soprattutto a causa della non disponibilità di acqua per effettuare irrigazioni in vaste aree del pianeta e, a mio parere, l'eventuale idea di modificarli per mezzo di tecnologie avanzate costituirebbe un grave errore dato che, se anche si riuscisse, aumenterebbe la precarietà del sistema mondiale di produzione e distribuzione del cibo. Già oggi, una siccità persistente su una vasta area continentale (per esempio, il Sahel) può provocare gravissime sofferenze e milioni di morti e mi pare assurdo anche solo pensare di utilizzare la moderna tecnologia per rincorrere una pura e semplice speranza di sopravvivenza quando questa potrebbe e dovrebbe essere destinata a migliorare la qualità di vita degli esseri umani e degli animali.

A mio parere, per ottenere un simile risultato, sarebbe necessario perlomeno stabilizzare urgentemente la popolazione mondiale e i rapporti vigenti di uso del suolo. Così facendo, si dovrebbe pur sempre provvedere al nutrimento di 7 miliardi di persone ancora in crescita disponendo di aree idonee alla coltivazione e all'allevamento non superiori a quelle attualmente esistenti. In questa ottica, è non solo ragionevole ma anche auspicabile che si tenda a ridurre il consumo di carne, in modo particolare di proteine animali prodotte utilizzando cereali provenienti da aree coltivabili. In altre parole, per migliorare la resa del sistema ecologico umano, parrebbe opportuno destinare quanto più possibile il raccolto prodotto direttamente all'alimentazione umana rinunciando all'allevamento intensivo che non soltanto pone gravi problemi etici ma risulta anche poco efficiente dal punto di vista ecologico. Le proteine animali dovrebbero essere prodotte convenientemente usando i pascoli e le risorse marine, non in allevamenti intensivi e neppure abusando dell'acquacoltura. Ciò vorrebbe dire senza alcun dubbio vedere aumentare il prezzo di mercato delle carni riducendo tuttavia il prezzo ecologico. Mi pare utile ricordare che David Pimentel e collaboratori della Cornell University hanno calcolato che nel 1945 la produzione di 0,4 ettari (un acro) di mais richiedeva 925 mila kcalorie, metà delle quali dovute al consumo di benzina. Venticinque anni dopo, nel 1970, il consumo di kcal per la stessa produzione era più che triplicato, salendo a 2.896.600 delle quali 941 mila relative all'uso di fertilizzanti chimici azotati. In altre parole, la sola fornitura di azoto era diventata più costosa (in termini ecologici) dell'intera produzione di mais venticinque anni prima. Il rapporto tra le calorie contenute nel mais e quelle usate per produrlo era 3,7 nel 1945 e solo 2,8 nel 1970. Anche così, tuttavia, sarebbe stato un processo in guadagno se il mais fosse stato usato direttamente per l'alimentazione umana e non invece per alimentare animali da carne, come accadeva e tuttora accade in realtà. I prodotti zootecnici risultanti vengono poi lavorati, confezionati e trasportati e infine, quando il consumatore si trova nel piatto le salsicce o il petto di pollo, le calorie totali utilizzate per la produzione di questi cibi hanno superato di gran lunga quelle in essi contenute. Si tratta di un'assurdità troppo evidente per dovere anche commentarla.

Nonostante tutto, la conversione di tutta l'umanità a un'alimentazione puramente vegetariana non sembra seriamente praticabile, non tanto per le caratteristiche biologiche primarie della nostra specie (onnivora facoltativa con un consumo primario di proteine animali del 10-15%) quanto per l'oggettiva necessità di poter disporre di un certo numero di animali allevati per produrre il concime biologico necessario alla crescita delle piante alimentari e inoltre per la necessità oggettiva di produrre cibo anche sulle vaste aree di prateria non direttamente sfruttabili per l'alimentazione umana. Sono pochi coloro che si rendono conto fino in fondo che, se davvero la dieta vegana si diffondesse fino a influenzare il mercato in modo significativo, il risultato sarebbe in un primo momento l'aumento vertiginoso di prezzo delle carni, in uno stadio successivo la quasi totale scomparsa di alcuni animali domestici dagli allevamenti. Il latte, lo yogurt, i formaggi, le uova diventerebbero generi di lusso pagati ad altissimo prezzo. I maiali, essendo allevati soltanto per la carne, scomparirebbero del tutto e la stessa cosa accadrebbe ai polli da carne. Questa evenienza è comunque soltanto teorica perché la dieta vegetariana o quella vegana rimarranno sempre comunque un *optional*. Più ragionevole mi pare invece l'adozione di una dieta onnivora con moderato consumo di proteine animali, preferibilmente provenienti da allevamenti certificati come non intensivi, senza inutili sprechi. Ciò che più disturba della sorte degli animali da carne non è la loro morte ma piuttosto la vita che conducono. Però, esistono anche alternative, se la produzione di carne diminuisce: per esempio, le mucche alpine conducono tutta la loro vita in una sorta di paradiso verde, mangiano cibo ottimo, contribuiscono a produrre un latte eccellente e alla fine muoiono repentinamente, andando a fornire ottime bistecche. Non trovo nulla di sbagliato in questo processo di produzione estensiva che ricorda il funzionamento di un ecosistema naturale. Il problema è quello di diminuire la richiesta di proteine animali e questo potrebbe essere un obiettivo raggiungibile sia per mezzo della diminuzione dei consumatori, sia per mezzo di un cambiamento delle loro abitudini. In conclusione, la predicazione vegetariana e persino vegana, anche se non raggiungerà mai il suo scopo al cento per cento, sarà comunque un mezzo utile per migliorare la vita nostra e quella degli animali allevati.

8. BENESSERE DEGLI ANIMALI

Dobbiamo ora prendere in considerazione almeno tre diverse categorie di animali: quelli selvatici, quelli domestici da reddito e quelli domestici cosiddetti da affezione. Anche se gli animali, domestici o selvatici che siano, non possono in alcun modo essere titolari di diritti, essi possono e anzi devono essere oggetto di tutela. Quando si parla di tutela degli animali selvatici ci si riferisce soprattutto alla conservazione delle loro specie e l'argomento sarà trattato nel capitolo 18. Quando, invece, si parla di specie addomesticate, tutela significa soprattutto benessere, sia che ci si riferisca alle specie da reddito sia che ci si riferisca alle specie da affezione. L'argomento è quindi notevolmente articolato e complesso e io spero di riuscire a tracciarne un ragionevole schema in questo capitolo e in quelli che seguono.

L'immagine che io avevo da fanciullo e che forse ancora oggi molti bambini hanno degli animali domestici "da reddito" è quella di una fattoria in campagna con un cavallo da traino, due o tre mucche da latte, uno o più maiali da ingrasso, oche, galline, una capra e un fattore che li conosce a uno a uno e, in mancanza di meglio, è il loro migliore amico e protettore. Vero è che la serenità della vita nella immaginaria comunità poteva essere turbata dalla occasionale uccisione di un gallo o di un maiale, però la vita quotidiana degli animali era di buona qualità. Le galline razzolavano liberamente, il cavallo e le mucche avevano le loro ore di libertà e rientravano di buon grado nella stalla dove li attendeva una lettiera pulita e tutto quanto potevano desiderare nella loro semplicità. Gli atti di crudeltà erano rari e riguardavano soprattutto gli aborriti maltrattamenti di cattivi padroni su disgraziati asini sovraccarichi e anche bastonati se tentavano di sottrarsi alla loro malasorte. In generale, il benessere degli animali coincideva con l'interesse del padrone e la brusca morte di un maiale o di un gallo alla fine del suo normale ciclo di vita era vista come una conclusione un po' triste magari e persino anche crudele ma anche in qualche modo comprensibile e inevitabile per la stabilità del sistema. Il gallo e il maiale erano stati mantenuti, nutriti e curati, era evidente che il loro mantenimento implicava un corrispettivo finale, in caso contrario, non sarebbero nemmeno mai entrati nella fattoria, anzi non sarebbero neppure esistiti. Ben pochi, infatti, alleverebbero un animale da carne facendolo diventare animale da affezione. Vero è che i maiali sono animali di sorprendente intelligenza e simpatia, tuttavia, se il mondo ne è pieno ciò non è dovuto al loro potenziale come animali da compagnia ma alla grande richiesta di prosciutti, salami e salsicce di qualità. Se nessuno mangiasse più questi manicaretti, i maiali semplicemente sparirebbero, così come sono scomparsi dai paesi islamici. Quindi, il dilemma non è tra uccidere o non uccidere un animale intelligente ma tra farlo nascere e non farlo nascere e, una volta nato, sul come allevarlo per consentirgli di condurre una vita degna di essere vissuta. In fin dei conti, tutti dobbiamo morire ma ciononostante la maggior parte di noi non si rammarica affatto di essere venuto al mondo e nemmeno si preoccupa di ciò che accadrà al suo corpo dopo che il suo momento fatale sarà giunto. Non è più un problema che ci riguarda perché quel corpo non siamo più noi, così come la salsiccia non è il maiale. Può darsi che a qualcuno un tale ragionamento non piaccia e in questo caso nessuno è obbligato a mangiare in nessuna forma carne di maiale. Però, facendo una tale scelta, è bene rendersi conto che non si salverà la vita a nessun porcellino ma al massimo, se i vegetariani e vegani saranno abbastanza numerosi, nascerà un minor numero di maiali, tacchini, polli, agnelli, vitelli etc. Non che un simile risultato sia trascurabile: se si potesse dimezzare la produzione di carne, specialmente quella più economica come il maiale, il pollo e il tacchino, la qualità della vita degli animali da carne migliorerebbe sensibilmente, beninteso purché vi fossero leggi adeguate a dettare le condizioni degli allevamenti, e inoltre la situazione ecologica globale migliorerebbe sensibilmente.

Dunque, la scelta vegetariana o vegana non comporta *ipso facto* il salvataggio di un certo numero di animali domestici ma piuttosto un piccolo contributo a una diversa e migliore organizzazione della produzione di cibo. Non che il cibo vegetale possa essere prodotto senza un costo ecologico, qualunque esso sia richiederà una certa quantità di terreno che finirà per essere sottratto alle specie di bosco o di palude e inoltre richiederà concimi e acqua, i primi con un elevato costo energetico e la seconda risorsa critica sia per le comunità umane sia per quelle degli animali selvatici. Tuttavia, quasi sempre, il costo ecologico delle proteine animali è ancora maggiore e la scelta vegetariana, totale o parziale che sia, è suscettibile di fornire un contributo significativo alla diminuzione dell'impronta ecologica sul pianeta. Dico "quasi sempre" perché esistono casi in cui la produzione di carne avviene a carico di specie che potremmo definire semi-domestiche o semi-selvatiche capaci di sfruttare fino in fondo l'energia contenuta nei prati e pascoli di ambienti naturali dove essi sono gli unici animali pascolanti. Ciò accade per l'alce in Svezia, per la renna in tutta la Lapponia (nord della Svezia, Norvegia, Finlandia, Russia), per alcuni ungulati africani in Sudafrica, per il cammello e il dromedario nei deserti del Vecchio Mondo, per il lama sulle Ande. Paradossalmente (ma non troppo), il consumo della carne di questi animali costituisce una sicura garanzia per la loro conservazione e anche per il loro benessere. Vivono in totale o quasi totale libertà nel loro ambiente, muoiono repentinamente a seguito di un colpo di arma da fuoco e infine le loro carni vanno ad alimentare un commercio che dà un valore agli ambienti in cui essi vivono e crescono. Questi tipi di attività, insieme con quelle di carattere silvo-pastorale di allevamento estensivo (per esempio, mucche in montagna) sono oggi di grande importanza all'interno delle zone protette per attirarvi anche la gente meno interessata alla fauna selvatica ma in cerca di prodotti gastronomici autenticamente biologici. Nessuno potrebbe negare che tutti questi animali, domestici o selvatici che siano, conducano una vita di alta qualità nei luoghi privilegiati in cui essi abitano.

9. CANI E GATTI

Passiamo ora agli animali da affezione, che sono quelli che manteniamo nelle nostre case per puro diletto o per il piacere della competizione, intendendo con questa le mostre di cani, gatti o uccelli, le corse di cavalli o le corrispondenti gare di cani, le gare di ritorno a casa dei colombi viaggiatori. Non ci riferiamo, invece, alle competizioni violente quali possono essere i combattimenti di cani o di galli e le corride, attività che implicano la selezione artificiale di razze particolarmente aggressive e che oggi sono considerate semplicemente come inaccettabili dalla grande maggioranza delle persone ragionevoli.

Ad ogni modo, la maggior parte dei proprietari di cani, gatti o uccelli non pensa affatto alle competizioni quando acquisisce un esemplare da tenere in casa come una specie di membro onorario della famiglia. A molti non interessa affatto che l'animale appartenga a una certa razza e anzi delle varie razze esistenti di cani, gatti o canarini sa ben poco. Queste persone potranno essere anche molto soddisfatte adottando un simpatico randagio rinchiuso in un canile municipale, però ciò non significa che una tale soluzione possa andare bene a tutti e neppure che tutti i randagi rinchiusi nei canili possano trovare una casa in questo modo. Le persone interessate ad acquisire, per esempio, un pastore tedesco, un Jack Russell oppure un cocker spaniel fanno benissimo a cercare il cucciolo della razza che desiderano e non dovrebbero lasciarsi intimidire dalla propaganda dei cinofili fondamentalisti che esortano addirittura a non acquistare assolutamente un cucciolo, pena il loro assoluto disprezzo, ma piuttosto adottare un randagio in un canile. Inoltre, le persone interessate ad acquisire cani di razze particolari, per esempio una delle varie razze di cani originariamente selezionate per i combattimenti tra loro o con altri animali, tipo orsi o tori (es. Pitbull, Rottweiler), dovrebbero riflettere attentamente su ciò che stanno per fare. Questi cani, checché ne dicano alcuni veterinari poco responsabili, se non sono debitamente gestiti da esperti, possono improvvisamente rivelarsi molto aggressivi e pericolosi, soprattutto verso terzi, ed è ovvio che sia così perché la genetica non è un'opinione e non sempre i proprietari sono in grado di dare all'animale un'opportuna educazione moderatrice. Peraltro, altre razze, selezionate per correre e per cercare, possono soffrire molto se tenute in un ambiente chiuso. Non parliamo poi di cani da caccia che alcuni cacciatori di scarsa sensibilità tengono addirittura confinati in un canile per poi andarli a prelevare soltanto quando hanno bisogno di loro, magari poi lamentandosi che non si comportano come essi vorrebbero! In definitiva, prima di acquisire un cane, bisogna ben riflettere su ciò che veramente si desidera e sui mezzi materiali e morali che si posseggono e infine maturare una decisione saggia e responsabile che avrà un lungo seguito, dato che un cane è un compagno fedele che può vivere anche venti anni, certo molto meno di un essere umano ma abbastanza a lungo per lasciare un ricordo indelebile almeno nei proprietari più sensibili che riescono a stabilire con l'animale un rapporto privilegiato. Gli aneddoti autentici sulla dedizione dei cani sono innumerevoli e io non credo che questa sia la sede per riferirli, ma è assolutamente vero che il rapporto tra un cane e un essere umano può essere quanto di più nobile e disinteressato si possa immaginare.

Anche per questo motivo è sconcertante che sia tanto grave il problema degli abbandoni di questi animali da parte di proprietari totalmente insensibili e irresponsabili. Vero è che anche i più perfetti idioti possono non soltanto procurarsi un cane ma anche fare un figlio e trasformarlo in un perfetto disadattato, però le conseguenze di tali azioni sono socialmente molto rilevanti e pertanto anche le punizioni devono esserlo. I cani ridotti al randagismo soffrono perché hanno difficoltà a procurarsi cibo e spesso si riducono all'ombra di se stessi. Spesso si riuniscono in branchi e possono anche diventare un potenziale pericolo per la fauna selvatica e persino per la sicurezza degli esseri umani. È stato provato che molti dei danni attribuiti ai lupi, in effetti, sono stati arrecati da cani abbandonati e rinselvatichiti. L'abbandono di un cane è un crimine sanzionato dalla legge ma forse anche l'adozione o l'acquisto di un cane a cuor leggero sono azioni che hanno ancora bisogno di essere meglio regolamentate anche socialmente, perché è inaccettabile che qualcuno, abbandonando un cane del quale si è semplicemente stancato, finisca con il creare gravi problemi alla comunità in cui vive.

I cani abbandonati, quando vengono recuperati, vanno a finire nei canili municipali che sono strutture di emergenza dove nessun cane dovrebbe essere costretto a trascorrere l'intera vita. Dai canili, in Italia, possono uscire solo se vengono adottati da qualcuno mentre in molti altri paesi escono anche per eutanasia. Ciò accade non soltanto in Ucraina o in altri paesi relativamente poveri, come si deduce dalla propaganda condotta contro tali paesi su alcuni *social networks*, ma anche in paesi insospettabili come gli USA, dove anche una grande associazione zoofila come la PETA (*People for Ethical Treatment of Animals*) "mette a dormire" (come si usa dire nei paesi di lingua inglese con un eufemismo piuttosto ipocrita) un enorme numero di cani randagi che nessuno ha voluto adottare.

Non voglio gettare la croce su nessuno, come invece potrebbe fare qualcuno che vuole soltanto fare propaganda e non affrontare davvero un serio problema. In realtà, il mantenimento in una sorta di *lager* di migliaia poveri cani randagi senza altro futuro possibile se non un ergastolo è, a mio parere, una soluzione ancora peggiore della loro eutanasia. La propaganda furiosa contro i poveri ucraini che, in occasione dei mondiali di calcio, pensavano che fosse una buona cosa liberare le strade da una massa di poveri cani randagi fu a mio parere un tentativo di rimedio peggiore del male. Il randagismo è un fenomeno che va combattuto alla radice, cioè con un maggiore controllo dei proprietari dei cani, rendendo obbligatori alcuni controlli periodici, tenendo un preciso registro di nascite, morti, cessioni a terzi, sterilizzando i cani vaganti recuperati e sanzionando in modo opportuno ogni reato. Se tutto ciò è stato fatto e tuttavia i canili restano pieni di sfortunati cani abbandonati che nessuno vuole, a mio parere sarebbe preferibile praticare con discrezione l'eutanasia incominciando dagli individui più vecchi e più malandati piuttosto che riempire i canili di poveri animali destinati a una vita tristissima e priva di senso. Naturalmente, questo è semplicemente un punto di vista, però chi ne ha uno differente dovrebbe prendersi la responsabilità di cercare di trovare una famiglia adottiva per ogni cane che non si sa dove mettere, attività senza dubbio meritoria che tuttavia rischia di essere troppo impegnativa per una mente umana normale e anche di distrarre da altre necessità più importanti. Trovo comunque che se anche un'associazione impegnata nelle azioni di protezione come la PETA arriva a praticare a sua volta l'eutanasia a migliaia di cani, probabilmente ciò significa che la possibilità di adozione non supera certi limiti, ben noti agli operatori più seri.

Un discorso analogo dovrebbe essere fatto per i gatti che molto spesso, purtroppo, diventano animali vaganti che combinano seri danni persino quando hanno un padrone. Il gatto domestico è uno splendido felino dai movimenti leggeri e dal comportamento elegante: non solo mostra a chi lo cura affetto e attaccamento ma anche indipendenza e autonomia, facendosi molto apprezzare. Però, il gatto domestico è anche un grande predatore di piccola fauna. Sono pochi i padroni che possono affermare senza mentire di non aver mai ricevuto un uccellino, una lucertola o un topolino in casa dal proprio gatto, meno ancora quelli che possono dire di non aver mai osservato il proprio gatto cacciare.

Diversi studi realizzati in Inghilterra, Nord America e Australia dimostrano infatti che l' 85-91% dei gatti domestici caccia attivamente la fauna selvatica. A parte i topi e gli uccelli (specialmente quelli appena usciti dal nido), i gatti uccidono anche molte lucertole, ramarri, e serpentelli contribuendo non poco alla generale rarefazione di questi piccoli e bellissimi animali. Tutto ciò era ben noto da molto tempo, tanto che i gatti vaganti fuori dall'abitato, fino al 1991 (anno di approvazione della legge 281), erano considerati animali nocivi sui quali era lecito senz'altro sparare. Purtroppo, la legislazione successiva ha voluto tenere conto soltanto di opinioni di parte e, pur di proteggere i gatti vaganti, ha sacrificato migliaia di piccoli animali selvatici che dai gatti vaganti ogni giorno vengono uccisi. Secondo i diversi studi, ogni gatto lasciato libero di gironzolare per il terrazzo, giardino, balcone o campagna, riporta a casa circa 16 prede selvatiche all'anno, concentrate soprattutto in primavera-estate: il 69% sono mammiferi, il 24% uccelli, il 4% anfibi e il restante 3% saranno rettili, pesci e insetti. Poiché in Italia risultano censiti 7.400.000 gatti, è facile calcolare che se il 90% di questi animali caccia 16 prede selvatiche all'anno, di cui 3,8 uccelli, ogni anno, in Italia, si perderanno più di ventisei milioni di uccelli uccisi dai gatti. Per non parlare dei rettili come il ramarro che infatti, nell'ultimo ventennio, ha subito una pesantissima e, solo a prima vista, incomprensibile rarefazione. E non vale obiettare che il gatto è un predatore naturale e che non può danneggiare seriamente le specie di animali che caccia da milioni di anni. Purtroppo, infatti, il gatto domestico ha ormai ben poco di naturale, ecologicamente parlando, dato che, ormai non è più sottoposto alla mortalità naturale dovuta a malattie, godendo di assistenza veterinaria, non deve competere per il cibo dato che è nutrito dal padrone, non è più costretto dai concorrenti in un territorio determinato come il gatto selvatico, con la conseguenza di poter raggiungere densità di popolazione anche centinaia di volta superiori (44 individui per chilometro quadrato contro 0,1-2 registrate per il gatto selvatico). Se a tutto ciò si aggiunge che i gatti domestici continuano ad aumentare di numero con l'aumento della urbanizzazione mentre i piccoli animali selvatici sono sospinti in spazi sempre più marginali, si capisce per quale motivo si sia arrivati all'assurdità di una strage complessiva di ben 110 milioni di topolini, lucertole, ramarri, orbettini, uccelli e quant'altro nella sola Italia! A tutto ciò si aggiunga il fatto che i mangimi per gatti, oggi prodotti in enorme quantità, vengono spesso preparati con pesce non adatto all'alimentazione umana che in precedenza, non avendo un mercato, non veniva affatto pescato e serviva per alimentare migliaia di stupendi uccelli marini. Paradossalmente, oggi, anche le popolazioni di questi, non direttamente uccisi dai gatti, diminuiscono per mancanza di cibo per fare invece aumentare di numero i killer di piccoli uccelli e rettili. Tutto questo discorso può anche dispiacere a qualcuno, e non fa certamente piacere neppure a chi scrive, ma purtroppo è la verità e non sempre la verità corrisponde a ciò che ci fa più piacere. Una soluzione incruenta comunque esiste ed è quella di rinunciare a tenere un gatto o, se proprio non si vuole rinunciare, di tenerlo ben chiuso in casa, specialmente quando si vive in campagna, abituandolo fin da cucciolo a questa situazione e facendolo anche castrare o almeno sterilizzare sia per tenerlo più tranquillo, sia per non contribuire a un'ulteriore moltiplicazione incontrollata delle popolazioni feline. Si consiglia anche di fornire al proprio gatto adeguati giochi casalinghi che contribuiranno a soddisfare il suo desiderio di caccia e infine, se proprio non si vuole rinunciare a lasciarlo libero di vagare, almeno fornirlo di un campanellino o di un "bip" sonoro che, a quanto pare, è un articolo che riduce notevolmente il suo successo di caccia.

In conclusione, i gatti sono animali interessanti, avventurosi, indipendenti ma purtroppo anche devastanti quando non sono tenuti a freno. Mi pare inaccettabile che debbano essere inconsapevolmente lanciati alla distruzione di tutto ciò che di bello e interessante è rimasto nei nostri boschi, nelle nostre campagne e persino nei nostri mari e che le loro malefatte debbano anche essere difese a muso duro dai loro protettori, magari anche vegetariani.

10. ALLEVAMENTI AMATORIALI

Non tutti coloro che amano gli animali mantengono in casa unicamente cani e gatti. Molte persone che amano la natura trovano che sia meraviglioso mantenerne in casa un piccolo frammento curando piccoli animali come piccoli mammiferi, uccelli, rettili, pesci e persino insetti e aracnidi particolari. In passato, però, il prelievo in natura e il commercio di tutti questi animali ha contribuito a sua volta all'impoverimento delle popolazioni di fauna selvatica ed è stato necessario elaborare e fare entrare in vigore un particolare trattato internazionale, la *Convention for the International Trade of Endangered Species* (CITES) con lo scopo di regolamentare e controllare questa complessa attività. Il trattato prevede il divieto di cattura ed esportazione di determinate specie divenute molto rare e inoltre stabilisce anno dopo anno il limite massimo previsto per il prelievo di altre specie meno rare ma passibili di diminuire pericolosamente se non protette. Il trattato è tutt'altro che perfetto e oggi ormai necessita di una seria revisione, risalendo ormai al 1975, tuttavia esso ha costituito in qualche modo un freno a determinati eccessi del passato. Ricordo, per esempio, il caso delle tartarughe terrestri europee che, prima dell'entrata in vigore del trattato, venivano prelevate ed esportate in numeri incredibili dai paesi dove erano ancora comuni e diffuse e che oggi, grazie a questo semplice strumento, vengono quasi unicamente riprodotte in cattività e comunque commerciate con documenti di origine. Un altro caso paradigmatico è quello dei pappagallini inseparabili africani che hanno una distribuzione estremamente limitata e che in passato erano stati messi in serio pericolo dal prelievo eccessivo. Oggi questi uccellini vengono unicamente riprodotti in cattività e allietano ancora molte case senza che per questo motivo vengano messe in pericolo le popolazioni selvatiche.

Alcune specie di uccelli sono oggi talmente comuni e diffuse allo stato domestico da non essere neppure prese in considerazione dal trattato CITES. Tra queste ricordiamo il canarino con le sue numerose razze di colore e di forma, il parrocchetto ondulato australiano, la calopsitta, il diamante mandarino etc. Sono queste le specie consigliabili a chi voglia mantenere in casa senza problemi burocratici qualche piccolo uccello da affezione, tenendo sempre presente le loro esigenze sociali che sono quelle più importanti per garantire loro un autentico benessere. Perciò, il parrocchetto ondulato e i pappagallini africani inseparabili andrebbero sempre mantenuti in coppia o in gruppo a meno che qualcuno non abbia allevato un particolare individuo fin da pulcino e gli possa dedicare diverse ore al giorno, come farebbe un partner alato. Questa esigenza è meno importante per il canarino che può essere gestito in modo diverso, mantenendolo in gruppi ma anche singolarmente nel corso della stagione non riproduttiva e separando le coppie in gabbie singole in primavera. È bene precisare che le razze domestiche del canarino o di alcune altre specie come il parrocchetto ondulato o la calopsitta non potrebbero facilmente riadattarsi a vivere in natura neppure se uno volesse donare loro la "perduta libertà", dato che ormai il processo della loro domesticazione è altrettanto avanzato quanto quello dei polli e dei piccioni. È anche bene aggiungere che i grandi spazi su cui potere volare indisturbati non sono tanto importanti per molte specie di piccoli uccelli domestici che invece apprezzano molto una gabbia spaziosa ben munita di cibi idonei, acqua pulita e accessori che consentano loro di mantenersi in buona forma, riprodursi e allevare con successo una prole sana e forte.

Le numerose specie contenute nelle liste CITES dovrebbero invece essere riservate ad allevatori abbastanza esperti da poter garantire loro tutti i loro bisogni, compresa la riproduzione in cattività che è decisamente importante per animali che non dovrebbero mai più essere prelevati in natura. L'esperienza del passato dimostra chiaramente che il divieto di cattura e di esportazione giova non solo al mantenimento di sane popolazioni selvatiche (a condizione che anche l'habitat naturale delle specie protette venga conservato) ma anche all'incremento delle popolazioni domestiche dato che la riproduzione di queste interessa in modo particolare e viene praticata intensamente, essendo l'unico modo possibile per potere diffondere la specie in oggetto. Per esempio, se si fa il confronto tra tre diverse specie di pappagalli africani del genere *Poicephalus*, si può notare che il pappagallo del Senegal, che è stata in assoluto una delle specie esportate in più elevati numeri (oltre 800 mila individui nel periodo 1975-1993) ha oggi un valore che è circa la metà di quello del pappagallo di Meyer del quale, nello stesso periodo, furono esportati circa 76 mila individui e addirittura un quarto del pappagallo dal ventre arancio che subì esportazioni in numeri ancora più ridotti (27 mila).

Gli individui domestici, non soltanto non vengono sottratti all'ambiente naturale, ma vivono anche bene nelle voliere in cui sono nati, ambiente che per loro è altrettanto naturale quanto può esserlo per noi una stanza in una casa. Naturalmente, sarà necessario documentarsi in modo molto accurato sulle esigenze della specie, preparare un alloggio soddisfacente, trovare un partner idoneo, attendere pazientemente il tempo necessario perché la coppia raggiunga la maturazione sessuale e una buona intesa. Tutto ciò dà agli allevatori una grande soddisfazione che consente loro di perseverare per anni e anni nella loro attività, nonostante i sacrifici che essa può comportare. Oggi vengono riprodotte in cattività con pieno successo moltissime specie di uccelli tra i quali anche gufi, aquile e falchi da falconeria, i quali ultimi costituiscono un ramo fortemente specializzato dell'avicoltura, essendo destinati a volare e cacciare regolarmente nel corso di tutta la loro vita.

Oltre a un notevole numero di uccelli, oggi la riproduzione in cattività interessa anche alcune specie di mammiferi, rettili, anfibi, pesci che sono oggetto di allevamenti specializzati, solo raramente contestati da qualcuno che trova comunque odiose "le sbarre", senza considerare che queste rappresentano soprattutto un'assicurazione contro i predatori, in modo particolare i gatti vaganti ai quali, personalmente, debbo tutti gli attacchi che il mio piccolo allevamento ha subito nel passato. I rettili vengono normalmente allevati in "terrari" con pareti di vetro che possono più facilmente essere riscaldati ma la mia esperienza è che il loro mantenimento è costoso e complesso dato che comporta, oltre al costo del riscaldamento, anche quello delle prede vive di cui molte specie hanno bisogno per non morire di fame. Oggi, i serpenti nati in cattività si adattano abbastanza facilmente a nutrirsi di topini morti scongelati ma non tutti gradiscono di mantenere questo articolo nel loro congelatore. La mia personale opinione nel merito è che questo genere di allevamenti dovrebbe essere lasciato agli zoo e agli autentici appassionati capaci di diventare specialisti del settore. In occasione delle mostre specialistiche è possibile ammirare il risultato del paziente lavoro di queste persone, serpenti del grano e pitoni reali anche in mutazioni di colore, camaleonti, draghi barbuti australiani e molto altro ancora. Più facile è tuttavia allevare le tartarughe terrestri che non solo sono vegetariane ma in inverno cadono in letargo e nella buona stagione si riscaldano al sole.

In conclusione, l'allevamento di animali in cattività, se praticato non solo nei limiti delle leggi e dei regolamenti ma anche in modi e in limiti ragionevoli e con un occhio di vivo interesse e di sincero amore per le specie prese in considerazione, è un'attività completamente compatibile con la conservazione della natura e con il benessere degli animali e nessuno dovrebbe dubitare di avere tutto il diritto di praticarlo alla luce del sole e senza complessi di sorta, non solo come allevatore ma anche come autentico amico degli animali o, come oggi si dice, animalista, senza lasciarsi espropriare questa parola da persone superficiali che non la meritano e che talvolta sembrano impegnate soprattutto a combattere qualsiasi tipo di contatto tra esseri umani e animali. È un'attività che può dare una grande gioia a persone di ogni età e di ogni ceto che non solo imparano ad avere cura di piccoli animali più o meno insoliti ma anche ad attendere anche a lungo il momento magico della riproduzione. È un'attività che merita di essere coltivata, incoraggiata e propagandata in ogni modo da parte di chi ama veramente gli animali, non solo pienamente domestici, ma anche di recente origine selvatica e non si accontenta di vederne solo le foto sui libri. Infine, è un'attività che dovrebbe essere anche utile per prendere pienamente coscienza delle proprie responsabilità di assistenza e dei propri obblighi a non abbandonare in natura animali come tartarughe acquatiche, scoiattoli, serpenti o pesci che, fuori dai loro ambienti di origine, possono essere causa di gravi inconvenienti.

11. ZOO

Il discorso sull'allevamento in cattività di piccoli animali di recente origine selvatica ci introduce naturalmente al tema degli zoo che di esso rappresenta una naturale estensione aperta al pubblico e naturalmente dotata di mezzi molto superiori. Il mantenimento di animali selvatici in aree attrezzate in modo opportuno è praticato ormai da oltre due secoli ed è normale che sia anche entrato in crisi a causa dei grandi cambiamenti che si sono avuti dal periodo in cui Jean Baptiste Lamarck dirigeva un complesso naturalistico che comprendeva un museo zoologico e un giardino di acclimatazione che presentava ai parigini alcuni animali esotici che, a quei tempi, pochissimi potevano sperare di ammirare in natura e neppure tanto sui libri dato che non esisteva ancora l'arte della fotografia, e ancor meno quella della cinematografia. A quei tempi, una zebra o un ippopotamo in un piccolo recinto erano comunque una grande attrazione e un forte stimolo per le giovani menti e questa situazione si mantenne più o meno immutata fino alla prima metà del ventesimo secolo. È anche logico che i cambiamenti che si sono avuti negli ultimi sessant'anni abbiano messo in crisi dapprima il paradigma e poi il concetto stesso di zoo. Le relative strutture di mantenimento degli animali richiedevano ormai sostanziali adeguamenti che furono effettuati forse più in America che in Europa e certamente più in altri paesi europei che in Italia. Venticinque anni fa, quando l'oltranzismo di alcuni sedicenti animalisti riuscì a fare breccia, direttamente o indirettamente nel mondo politico, i fatiscenti zoo italiani potevano offrire una ben debole resistenza contro la furia distruttrice dei fondamentalisti che pretendevano di spalancare le gabbie e lanciare più o meno allo sbaraglio gli animali che vi si trovavano. Infatti molti dei vecchi zoo vennero chiusi, ignorando i progetti anche autorevoli che cercavano di salvarli. Gli zoo europei o americani che uscirono indenni da questo attacco lo fecero grazie all'iniezione di grandi capitali che permise loro di trasformarsi in imprese commerciali al passo coi tempi, dotate di finte giungle dove si nascondevano tigri, magari osservabili da appositi ponti sopraelevati, di grandi laghi popolati da ippopotami, lamantini e uccelli acquatici, di vaste serre tropicali dove il visitatore poteva entrare direttamente per ammirare uccelli esotici che gli volavano sopra la testa, il tutto immerso in piacevoli giardini in cui le fioriture si susseguivano ininterrotte per molti mesi. Tutta questa messa in scena, insieme con la moltiplicazione di ristoranti, bar e negozi di souvenir, poté salvare alcuni grandi zoo conservando in forme nuove anche il loro ruolo didattico. Inoltre, a tacitare i fondamentalisti più riottosi, contribuirono anche alcuni progetti di moltiplicazione in cattività di specie in pericolo di estinzione varati in collaborazione con alcuni enti internazionali che si occupano di conservazione della natura. Così, le bandiere di certi zoo divennero i lemuri del Madagascar, alcuni carnivori specializzati come il singolare crisocione, un lupo-volpe della pampa argentina, il cavallo di Przewalski, progenitore selvatico di tutti i cavalli domestici, il ghepardo, il condor della California, ridotto a una popolazione di pochissime unità, l'ibis eremita, l'ara di Spix e via dicendo. Con questi mezzi e con queste bandiere alcuni zoo riuscirono a mantenersi sul mercato mentre altri, la maggior parte di quelli che esistevano in Italia, rimasero travolti dalla loro stessa arretratezza malgrado i progetti di ristrutturazione che spesso prevedevano di collegarli non solo con i suddetti progetti di conservazione di specie in pericolo, ma spesso anche con ricerche scientifiche a quei progetti in qualche modo collegate. Come quasi sempre accade in questi casi, le opinioni dei tecnici furono ignorate per ascoltare invece le richieste di moda portate avanti da personaggi politici improvvisati sotto ogni punto di vista.

Oggi, la contestazione fondamentalista nei confronti anche dei migliori zoo non è cessata del tutto ma certo si è attenuata, riversandosi soprattutto sui circhi e sui serragli minimi. Ormai è molto più facile percorrere migliaia di chilometri in aereo, andare a prendere il sole su una spiaggia tropicale dalla quale poi, in una giornata di corsa in Land Rover, si possono anche ammirare nel loro ambiente naturale i grandi animali della fauna africana, con sensazioni che superano di gran lunga quelle umanamente possibili anche in un grande e moderno zoo. Non è un viaggio per tutti, naturalmente, ma anche questo fa parte del moderno *trend* che tende a dare di più ai ricchi e di meno ai poveri. Del resto, chi non può permettersi un viaggetto africano ha pur sempre a sua disposizione i numerosi documentari televisivi che illustrano la vita degli animali grandi e piccoli con immagini mozzafiato. La verità è che gli zoo che ancora oggi possono sopravvivere e magari anche prosperare con la benedizione dei conservazionisti e persino degli animalisti sono soltanto quelli molto grandi e moderni, situati decisamente fuori dalle città – dove le aree hanno un valore venale troppo elevato per essere utilizzate in questo modo – e dotati di impianti e scorci spettacolari. Ad essi si affiancano altri impianti specializzati come acquari, rettilari, delfinari, questi ultimi a loro volta contestati, forse anche con buone ragioni. In conclusione, credo che gli zoo del futuro richiederanno impianti sempre più spettacolari, un serio impegno a moltiplicare un certo numero di specie di uccelli e mammiferi minacciate in modo critico di estinzione, un buon collegamento con le associazioni conservazioniste e uno *staff* tecnico-scientifico degno di una Stazione

Biologica e capace di comprendere le esigenze psicologiche e i pensieri degli animali nonché di affrontare almeno piccoli progetti di ricerca scientifica. Questi non sono soltanto sogni ma realtà concrete che oggi emergono nei migliori zoo del pianeta e del resto anche in diversi zoo italiani. D'altra parte, sarà solo in questo modo che i moderni zoo potranno resistere alla pressione distruttiva dei fondamentalisti che presumibilmente continueranno sempre a protestare sostenendo che comunque che gli animali hanno *il diritto* di vivere in libertà. Dove e come, poi non si capisce dovrebbero esercitare un tale diritto dato che purtroppo sono ben pochi coloro che, nel variegato e ben poco informato mondo animalista, hanno fatto o magari anche solo pensato qualcosa di concreto per difendere gli ambienti naturali in cui gli animali dovrebbero vivere.

12. CIRCHI

Il *circo equestre* si originò nell'Antica Roma dove era un luogo adibito a corse di cavalli, spettacoli equestri, ricostruzione di battaglie, esibizioni di animali ammaestrati, spettacoli di giocolieri e acrobati. A quei tempi era praticato in una costruzione permanente costituita da due rettilinei paralleli separati nel mezzo da una balaustra e raccordati da due curve a 180 gradi.

L'attuale circo equestre così come oggi lo conosciamo si originò in Inghilterra circa 150 anni fa e, come indicato dal nome, esibiva soprattutto cavalli che, per potere essere ammirati dagli spettatori, devono necessariamente muoversi su uno spazio circolare. Gli spettacoli del circo hanno luogo sotto un tendone, talvolta anche in appositi edifici (circhi stabili), o anche all'aperto o in normali sale teatrali. Le esibizioni rispondono a varie categorie di base (peraltro flessibili e combinabili) quali numeri aerei, acrobazia ed equilibrismo al suolo, giochi di abilità, comicità eccentrica e arte del clown, esibizione di animali addestrati e arte equestre, esibizioni di rischio. Nella sua forma tradizionale novecentesca, il circo equestre si distingue per la sua caratteristica intrinseca di comunità itinerante e per l'appartenenza dinastica dei propri componenti. Il suo cocktail di attività e di esibizioni è qualcosa di unico e non mi pare onesto continuare a definire circo uno spettacolo diverso che offra solo poche tra queste varie specialità.

Ciononostante, alla fine del Novecento, con la definizione di *nuovo circo* si è legittimato il proliferare di numerose compagnie e spettacoli di provenienza e stile non tradizionali che si differenziano dal circo equestre per un gran numero di caratteristiche tra le quali il fatto di esibire esclusivamente numeri umani, escludendo completamente quelli di animali, compresi quelli tipicamente domestici come i cavalli e i cani. Questo genere di spettacolo, che in effetti vero circo in senso tradizionale non è, ha suscitato l'interesse dei sedicenti animalisti che lo hanno additato ad esempio di virtù contrapponendolo al circo tradizionale, accusato invece di orribili maltrattamenti nei confronti degli animali. Inizialmente, la polemica ha suscitato uno scarso interesse nel pubblico, anche perché in Italia l'attività circense è tutelata dalla legge 337 del 1968, ma recentemente le proteste hanno incominciato a dare i loro effetti e, nel marzo 2012, la Regione Emilia Romagna, in contrasto con la legge nazionale ha proibito l'uso di animali esotici nei circhi. Il tema dei circhi, come spesso accade, è entrato in un dibattito pubblico di basso livello, tendente a stravolgere la realtà delle cose. Cercherò di introdurre quest'ultima raccontando una storia vera alla quale assistetti personalmente molti anni fa. Avevo visitato un piccolo zoo francese, quello di Saint Jean Cap Ferrat, dove esisteva, tra l'altro, una piccola comunità di scimpanzé che, a una certa ora, si esibiva in un divertente spettacolo: le scimmie, vestite con abiti umani, si sedevano compostamente intorno a una tavola imbandita e consumavano una merenda usando piatti, stoviglie e bicchieri. Lo spettacolo era molto divertente e anche gradevole perché anche le scimmie parevano divertirsi moltissimo della loro esibizione, immagino per il piacere di fare bene qualcosa di nuovo che avevano imparato e anche per la soddisfazione di poter emulare i loro cugini umani sul loro stesso terreno.

Purtroppo, però, quando ritornai allo zoo di Cap Ferrat alcuni anni più tardi, mi fu detto che lo spettacolo era stato abolito in quanto, secondo alcuni critici, "degradante" e "lesivo della dignità e dei diritti degli animali". Ne rimasi molto contrariato e, andando a visitare i poveri scimpanzé nel loro recinto, immaginai che la loro delusione dovesse essere stata anche maggiore della mia, avendo io molto altro da fare nella vita oltre a prendere una tazza di tè coi biscotti con uno scimpanzé. Le povere scimmie erano state offese due volte, la prima per essere state private del loro gioco quotidiano, la seconda per essere state considerate come *bruti*, capaci di sbucciare banane ed emettere versacci ma non certamente di sedere compostamente a un tavolo a meno che, per riuscirvi, non fossero stati terrorizzati e torturati con pungoli e altri strumenti di tortura. Se in precedenza non avessi assistito allo spettacolo in prima persona, constatando l'evidente soddisfazione delle scimmie, avrei potuto mantenere il beneficio del dubbio, ma a quel punto no, non potevo assolutamente, in un colpo solo compresi che la guerra dei sedicenti animalisti contro il circo era puramente ideologica e partiva dall'errato presupposto dell'esistenza di una incolmabile differenza tra uomini e animali. I contestatori non riescono a rendersi conto che gli animali abbiano non soltanto capacità di gioco, ma capacità organizzative che nei giochi possono essere utilmente immesse. Io, invece, ne sono sicuro non soltanto per la mia ferma convinzione, dettata da una lunga esperienza diretta, che gli animali pensino molto di più di quanto noi non possiamo credere ma anche per un interessante episodio cui mi capitò di assistere nell'anno 2000 all'Hornbill Camp di Kalangala, isole Ssese del lago Vittoria, Uganda. Lo riferisco riportando qui di seguito ciò che scrissi in quella occasione:

"Nel campo vivono due cani e un giovane cercopiteco che è stato allevato fin da piccolo e non è più riuscito e reinserirsi in un gruppo di scimmie selvatiche. I due cani sono

rispettivamente un maschio meticcio color crema di probabile origine locale e un maschio di pastore tedesco giunto qui, con ogni evidenza, al seguito di Dick, il titolare tedesco del campo. Sono due animali piuttosto sereni e per nulla aggressivi che si fanno notare soprattutto per il loro particolare rapporto con Money, il giovane cercopiteco grigioverde maschio portato qui da un contadino che l'ha sottratto a sua madre quando era ancora un infante. L'uomo ha pregato Dick di prendersene cura dato che lui non poteva più assolutamente tenerlo in casa. Dick ha accettato accogliendo la scimmietta nel campo con grande affetto e infinita pazienza. Innanzi tutto, l'ha liberata dal guinzaglio che la opprimeva, poi l'ha riempita dell'affetto che le era evidentemente mancato dopo la perdita della madre: la teneva spesso in braccio, l'accarezzava, la faceva giocare coi cani e col gatto che infatti si sono enormemente familiarizzati con lei. Ora Money abbraccia il gatto, se ne sta col cane più piccolo addirittura tra le sue zampe anteriori e gioca anche col pastore tedesco a guardie e ladri o, per meglio dire, a preda e predatore. Con i suoi simili non ha un gran che di rapporto e una volta mi è capitato di vedere nel campo quattro o cinque cercopitechi a prima vista coetanei che però lo tenevano alla larga con un atteggiamento sdegnoso. Quando Money non corre libero per il campo inseguito dal pastore tedesco, allora tende a diventare un autentico pericolo pubblico per chi cena qui. Nessuno si può permettere di lasciare una pietanza incustodita neppure per pochi secondi e anche un semplice piatto vuoto con residui di sugo diviene un oggetto interessante per lui perché può essere comunque afferrato e leccato. Il pastore tedesco fa di tutto per contrastare questi eccessi: non soltanto cerca di impedire a Money di salire sui tavoli ma in pratica lo insegue ovunque cercando di catturarlo e di "ucciderlo" (solo in modo rituale, si intende).

Quando il cane riesce a catturare la scimmia, allora ringhia e fa finta di sbranarla mentre la poveretta grida con tutto il fiato come se la uccidessero veramente. L'inseguimento si svolge freneticamente per decine di minuti e viene interrotto quando Money ripara su un albero, e questo è evidente perché i cani non possono arrampicarsi, ma il cane si ferma anche quando Money ripara su un tavolo o persino su una piccola catasta di pietre, e questo è molto meno evidente perché in tal caso entra in gioco soltanto una regola convenzionale. È come se Money dicesse al cane lupo "qui non vale" e il cane concordasse di osservare strettamente questa regola. Si aggira velocemente intorno alla catasta di pietre correndo rapidamente in circolo per sottolineare il suo "assedio" ma non si spinge oltre in nessun caso."

Sono fermamente convinto che non sia possibile addestrare animali con la forza, le torture o le minacce come sostengono alcuni individui che in realtà non hanno alcuna esperienza nel merito. Gli animali capiscono e riescono a fare molto di più di ciò che ritengono possibile persino i loro estimatori, spesso si organizzano spontaneamente e quindi non hanno difficoltà a comprendere ciò che viene loro chiesto dall'addestratore. Credo inoltre che i critici del circo equestre non tengano in alcun conto il fatto che cani e cavalli sono animali domestici che imparano a svolgere i loro numeri senza particolari difficoltà, per compiacere un compagno umano con cui hanno un forte legame affettivo. Potrei anche concordare sul fatto che, per motivi di sicurezza, al giorno d'oggi non pare più molto accettabile fare esibire in uno spazio ristretto animali della mole di un elefante o carnivori potenzialmente pericolosi come leoni, e anche sul fatto che gli animali non gradiscono continui spostamenti e vi si adattano con difficoltà. Tuttavia, nessuno riuscirà mai a convincermi che una otaria non si diverte e che non è anche orgogliosa di riuscire a mantenere una palla in equilibrio sul naso. La gente dovrebbe imparare a documentarsi prima di affrontare un determinato argomento e dovrebbe anche pensare che è giusto trattare gli animali con rispetto e comprensione ma non viziarli come figli unici di genitori stupidi. In natura, gli animali lavorano duro sottoponendosi a lunghi spostamenti in cerca di cibo, scontrandosi con rivali e vigilando continuamente sui possibili attacchi dei predatori. In condizioni domestiche, non hanno particolari difficoltà a imparare qualche esercizio di equilibrio o di corsa per esibirsi in cambio della protezione, il cibo e l'affetto che viene loro offerto e farlo anche abbastanza volentieri. In generale, di tutte le critiche che gli *ultras* fanno ai circhi, l'unica che mi convince almeno a metà è quella sul possibile malessere degli animali costretti a spostarsi molto spesso da un luogo all'altro. Gli animali non gradiscono molto gli spostamenti, a meno che non si tratti di spostamenti regolari effettuati stagionalmente. I pappagalli cui si cambia la voliera possono smettere di nidificare anche per alcuni anni prima di ambientarsi nel nuovo posto, ma talora possono iniziare a nidificare improvvisamente, evidentemente dimostrando un gradimento maggiore nei confronti della nuova dimora. Non mi pare che esistano lavori scientifici sugli eventuali cambiamenti di comportamento di animali costretti a frequenti spostamenti, ma è probabile che, a un certo punto, subentri una certa abitudine a questa situazione che, in generale, non è certo gradita. Personalmente, raccomanderei di evitare di esibire nei circhi animali per qualche verso problematici come elefanti, ippopotami, giraffe, tigri, leoni, iene e invece non avrei alcun problema con cani, cavalli, asini, zebre, otarie. Poco senso mi pare che abbia invece il cosiddetto *nuovo circo* o *circo senza animali* che è ampiamente superato dagli straordinari spettacoli ai quali si può assistere in occasione delle olimpiadi relative alle varie specialità di ginnastica. In definitiva, la questione dei circhi appare sostanzialmente irrilevante o scarsamente rilevante sotto il profilo del benessere degli animali e comunque degna almeno di qualche semplice indagine prima di essere eventualmente affrontata con leggi e regolamenti nuovi. Dispiace che i sedicenti animalisti si siano tanto accaniti contro poche famiglie di persone che degli animali hanno fatto, sia pure a modo loro, la loro ragione di vita.

13. TRAFFICO

Ogni anno, letteralmente milioni di animali e piante "raccolti" in natura vengono importati verso i paesi più ricchi del mondo (Unione Europea, USA, Giappone), per esempio caviale dal mar Caspio, rettili vari dall'Africa, orchidee dal sud-est asiatico, conchiglie e frammenti di barriera corallina dalle aree oceaniche, tartarughe dalle repubbliche ex-sovietiche etc. Inoltre dal Sudamerica e dall'Africa vengono ancora esportati migliaia di pappagalli e altri uccelli non più verso Europa e USA, che ora hanno bandito questo traffico, ma comunque verso il Sudafrica e la Cina che da qualche tempo sono invece diventati buoni acquirenti di queste merci. Oltre agli animali vivi, dai tropici partono anche altri prodotti che di animali o di piante costituiscono invece una parte, per esempio pelli di rettili per la produzione di borse o scarpe, legname pregiato per mobili o barche proveniente da foreste tropicali, essenze di piante particolari usate ancora in medicina o in cosmetica, piastre di tartarughe marine per montature di occhiali e pettini eccetera. Tutto questo commercio viene attentamente seguito da un'organizzazione internazionale fondata nel 1976 chiamata TRAFFIC che si propone, almeno nelle intenzioni dichiarate, di contribuire allo sviluppo di paesi poveri e insieme alla conservazione di fauna e flora per mezzo della promozione controllata del commercio internazionale, regolato dal trattato CITES, del quale si è già parlato nel capitolo 10. Tale commercio valeva, nel 2009, circa 100 miliardi di euro nella sola Unione Europea! A questa somma già quasi incredibile ne va poi aggiunta un'altra non ben definita con tutto ciò che è illegale: corno di rinoceronte, avorio di zanne di elefanti, pinne di pescecane, pelli di rettili oltre le quote stabilite che peraltro sono già probabilmente eccessive e non sostenibili.

Particolarmente penoso è il caso del corno del rinoceronte che, come si può facilmente arguire, è un prodotto totalmente illegale e anche totalmente inutile (dato che le sue supposte proprietà afrodisiache esistono soltanto nella immaginazione di alcuni ricchissimi asiatici). Ciò non impedisce, tuttavia, che venga venduto a un prezzo reale ben tre volte superiore a quello dell'oro, in grado, dunque, di stimolare un bracconaggio attivissimo che, soltanto nel 2012, è costato la vita a circa cinquecento rinoceronti bianchi nel solo Sudafrica, su una popolazione totale di circa 11 mila individui che peraltro rappresenta almeno i tre quarti di tutti i rinoceronti bianchi africani. Cinquecento rinoceronti uccisi su undicimila esistenti rappresentano una mortalità addizionale quasi del 5% che può anche sembrare non moltissimo ma che è comunque preoccupante per questi pachidermi che si riproducono con estrema lentezza. Ancora più preoccupante è il fatto che il bracconaggio nei parchi sudafricani non esistesse affatto fino al 2007, anno in cui furono illegalmente uccisi per la prima volta 13 esemplari. Questi salirono a 83 nel 2008, 122 nel 2009, 333 nel 2010, 448 nel 2011, 455 solo nei primi dieci mesi del 2012. È veramente pazzesco che questo meraviglioso gigante superstite del Terziario rischi di scomparire per sempre per l'ignoranza superstiziosa di poche persone che hanno troppo danaro per il loro livello intellettuale e morale. La polizia sudafricana fa ciò che è possibile: dall'inizio dell'anno sono stati arrestati 179 bracconieri oltre a una trentina di fiancheggiatori o ricettatori, ma la lotta rimarrà impari finché continuerà a sussistere una richiesta dal mondo dei plutocrati asiatici e una forte disoccupazione nel paese di Nelson Mandela, come del resto in tutto il resto del mondo anche sviluppato, grazie alle crisi finanziarie provocate dalle banche.

Il caso del corno del rinoceronte è forse il più grave per la sua forte incidenza sulla popolazione totale di questi animali e anche per la sua assurdità, ma anche il bracconaggio agli elefanti africani per l'avorio non è certo da sottovalutare. In pochi anni la popolazione dell'elefante africano è crollata dal milione di trent'anni fa agli attuali 470 mila individui in rapida diminuzione non soltanto per la richiesta di avorio, oggi totalmente illegale, ma anche per la crescente frammentazione e urbanizzazione degli habitat idonei alla sua vita che li porta in conflitto sempre maggiore con le popolazioni africane. Esiste pertanto un serio pericolo che nei prossimi anni la popolazione mondiale degli elefanti africani si riduca al livello di quelli asiatici, ormai ridotti a poche migliaia a causa della antropizzazione spinta del continente che avvenne ben prima di quella dell'Africa. Il ritrovamento, nei primi giorni del 2013, di un'intera famiglia di ben undici elefanti massacrati per l'avorio all'interno del parco Tsavo, in Kenya, sembra indicare la quasi impossibilità di arrestare un processo che è di sostanziale distruzione della grande fauna dell'era terziaria dell'ultimo continente in cui era ancora sopravvissuta. Insieme con gli elefanti scompaiono anche molti altri grandi animali e forse sarà solo la siccità estrema di vaste aree del continente che potrà porre un limite all'occupazione dell'Africa da parte dell'uomo con le sue coltivazioni e i suoi animali domestici.

Nell'ultimo secolo, anche il continente asiatico ha già visto, ben prima di quello africano, oltre alla rarefazione degli elefanti, quella dei grandi predatori come le tigri che sono passate dalle centomila circa presenti all'inizio del ventesimo secolo alle tremila di oggi, ridotte in minuscoli nuclei confinati in riserve troppo piccole per contenerle efficacemente e quindi, sempre più spesso, in aperto conflitto con le popolazioni locali che, queste sì, hanno tutto il diritto di vangare un piccolo campo o mandare un bambino a scuola senza dovere temere l'improvvisa comparsa sulla scena di una mangiatrice di uomini, esasperata dalla scarsità di prede. Il problema sembra insolubile in un continente in cui da un lato la popolazione umana continua a crescere, dall'altro lo sviluppo economico incomincia a trasformare gli assetti urbanistici e quelli rurali tradizionali mettendo in crisi le aree protette tradizionali.

Vorrei terminare questo capitolo con qualche notizia positiva che possa valere a dare un poco di speranza, ma purtroppo non trovo nulla del genere nel sito del TRAFFIC. L'unico riferimento che trovo a un traffico ben regolato riguarda la vigogna delle Ande, un animale della famiglia dei cammelli la cui lana viene utilizzata per la produzione di indumenti di elevata qualità. A differenza del lama e della pecora, la vigogna è un animale selvatico che perciò, per essere tosato, deve essere periodicamente catturato convogliando i branchi in opportuni recinti. Dopo la tosatura, le vigogne vengono liberate e lasciate in pace fino al momento in cui il loro fitto pelo non è completamente ricresciuto. L'organizzazione del TRAFFIC si è quindi limitata a constatare che i metodi tradizionali usati dalle popolazioni andine sono sostenibili ed efficaci dal punto di vista ecologico. Peccato che si tratti di una semplice tosatura ancora meno invadente rispetto a quella delle nostre pecore, dato che le vigogne non vengono neppure sfruttate per il latte o la carne. In questo caso, quindi, è proprio un popolo indigeno che conduce una vita modesta con mezzi tradizionali che insegna qualcosa a noi, qualcosa però che probabilmente non sarà mai applicabile al di fuori della regione andina.

14. PELLICCE E PELLI

La prima campagna contro l'uso delle pellicce fu varata molti anni fa dal World Wildlife Fund per difendere leopardi, gattopardi e linci da un irresponsabile massacro che rischiava di farli scomparire dalla faccia della Terra. Il successo fu immediato e pressoché totale: in breve tempo, quello che era stato un simbolo di distinzione e ricchezza divenne al contrario segno di insensibilità e ignoranza. Il "maculato" tramontò definitivamente e a insidiare i leopardi rimasero soltanto i maniaci della caccia grossa nei pochi paesi africani che ancora la permettevano.

Il brillante successo di questa campagna, la cui connotazione era stata di tipo prettamente conservazionistico nei confronti delle *specie* prese di mira, suggerì una estensione con connotazioni diverse, questa volta su animali allevati in cattività e dunque basata non tanto sulla conservazione delle specie, quanto invece sulla compassione nei confronti dei singoli animali che venivano sacrificati per un motivo giudicato futile, cioè per procurare un prodotto di lusso a persone che avevano una elevata disponibilità di danaro. Il simbolo negativo della campagna divenne il personaggio disneyano Crudelia Demon, la vecchia strega che pretendeva di sacrificare centinaia di cuccioli per farsi una nuova pelliccia. La conclusione logica era che il sacrificio di un animale per procurare un bene di lusso come una pelliccia non è accettabile nemmeno se questo animale nasce in cattività precisamente per questo scopo.

Dopo i maculati, quindi, passarono rapidamente di moda anche i cincillà, i castori, i castorini, i ratti muschiati, gli agnellini persiani e altro ancora. La fine delle pellicce di "castorino", in realtà la nutria, roditore acquatico originario del Sudamerica, comportò anche un problema collaterale dato che alcuni allevatori delusi liberarono in Europa un certo numero di riproduttori ormai inutili dando inizio a una vera e propria invasione continentale di una specie esotica semi-acquatica che provoca vari inconvenienti.

Oggi, gli ultimi allevamenti che resistono, sotto gli strali dei contestatori sono quelli di visoni, di volpi argentate artiche e di zibellini, questi ultimi strettamente confinati alla Russia che ha sempre mantenuto il monopolio su questa pregiatissima pelliccia rifiutando senza eccezioni di esportare animali vivi. In questa sede non voglio entrare nel merito di queste contestazioni che hanno evidentemente una loro logica rispettabile. Desidero però proporre alcune riflessioni che, a mio parere, potrebbero aiutare a prendere posizioni più articolate e mature e non semplicemente seguire in modo acritico gli slogan che vengono lanciati da persone bene intenzionate ma poco capaci di pensare.

In primo luogo, c'è un'evidente differenza tra una campagna di conservazione e una di benessere degli animali che contesta la futilità di un uso delle loro pellicce per la produzione di un bene di lusso che interessa poche persone con una notevole disponibilità economica. Sulla campagna di conservazione, di tipo tecnico, non c'è nulla da eccepire, su quella di benessere degli animali ci si può chiedere quali debbano essere i limiti di un intervento di tipo etico. In particolare, ci si può chiedere perché non sia accettabile allevare e uccidere animali per la loro pelliccia e invece lo sia se lo si fa per la loro carne e la loro pelle. Qui immagino che i contestatori più coerenti diranno che no, che neppure l'allevamento per la carne o la pelle è accettabile, mentre altri potranno obiettare che la carne e la pelle non sono generi di lusso come le pellicce e quindi vanno considerati in modo diverso. Inoltre, ci si potrebbe chiedere anche in modo più forte perché mai tanta gente si preoccupi delle pellicce di alcuni graziosi mammiferi ma praticamente nessuno si interessi, invece, delle pelli dei disgraziati rettili che, in qualche caso (coccodrilli) sono, almeno in parte, oggetti provenienti da allevamento, in altri casi (lucertole e serpenti) provengono invece da individui catturati in natura. Il numero di queste pelli bellamente ignorate da qualsiasi campagna è strepitoso, dato che, secondo il TRAFFIC, in soli cinque anni, tra il 2000 e il 2005, sono state importate *nella sola Unione Europea* ben 2,9 milioni di pelli di coccodrillo (non tutte, evidentemente, da allevamento), 3,4 milioni di pelli di lucertole (soprattutto varani) e ancora 3,4 milioni di pelli di serpenti. Non soltanto questi numeri fanno rabbrividire ma è anche vero che i conti della spesa non tornano affatto perché la commissione per il trattato CITES, per quanto di manica larga, non può assolutamente avere permesso una simile strage. Infatti, se andiamo a guardare le quote assegnate per l'anno 2011, troviamo numeri che, pur essendo ancora impressionanti, risultano di uno o due ordini di grandezza minori: contando solo gli animali uccisi legalmente per la pelle abbiamo 5000 coccodrilli in Botswana, 10 mila varani e 50 mila pitoni in Benin, 80 mila varani in Ciad, 20 mila caimani in Guiana, 10 mila coccodrilli in Malawi, 4500 cobra in Malaysia, 43 mila iguane in Suriname, 60 mila pitoni e 30 mila varani in Togo. Anche il paese che ha i numeri più elevati, l'Indonesia, è ben lontano dai numeri stimati dal TRAFFIC per il quinquennio in oggetto: 20 mila coccodrilli, 135 mila cobra, 200 mila pitoni, 90 mila colubri (*Ptyas*) e 426 mila varani, senza contare le 50 mila tartarughe d'acqua dolce dei generi *Amida* e *Cuora* usate per la zuppa. In questa incredibile mattanza sia legale, sia evidentemente anche illegale, la campagna contro l'uso delle pellicce di animali allevati appare decisamente a senso unico e, in un certo senso, anche ingiusta e, questa volta sì, discriminatoria e *specista* in senso fortemente antropomorfico. Ci si preoccupa della sorte degli animali caldi e pelosi anche se nati in cattività e invece non ci si preoccupa affatto della sorte di varie specie di rettili catturati e uccisi in natura, presumibilmente anche con metodi crudeli. Sono sconcertato da simili criteri che non comprendo e non condivido affatto.

In conclusione, quando si lanciano campagne contro l'uso delle pellicce sarebbe opportuno chiarire i criteri che vengono usati. Se si tratta di difendere gli animali in pericolo di estinzione, sono pronto a sottoscriverle al cento per cento. Se invece si tratta di difendere la vita di *tutti* gli animali, pelosi o squamosi o pennuti, a qualunque fine destinati per una campagna vegetariana o vegana, pur non condividendo al cento per cento, esprimo rispetto, comprensione e anche un certo sostegno. Infine, se si tratta soltanto di difendere alcuni animali pelosi perché ci piacciono, perché ci sembrano teneri e deliziosi a fronte di freddi rettili che ci fanno rabbrividire solo a nominarli, perché ci pare ingiusto che i visoni o le volpi artiche debbano essere allevati solo per la bella faccia della vicina che ha il super-attico con il giardino pensile, allora no, scusate, ma mi pare che il ragionamento non funzioni. Gli slogan vanno benissimo per sostenere con poche parole incisive una campagna che sia stata pensata in modo approfondito, diventano invece pure e semplici sciocchezze quando servono a mascherare il vuoto di idee che vi si nasconde al di sotto. Possiamo anche decidere di non produrre più pellicce, di alzare una bandiera per gridare forte il nostro rispetto assoluto per la vita in tutte le sue forme, ma non possiamo, non dobbiamo assolutamente farlo a senso unico, difendendo a oltranza quelli che ci fanno simpatia e abbandonando tutti gli altri al loro destino. Sarebbe veramente orribile, sarebbe questa sì, una odiosa discriminazione *specista*.

15. ALLEVAMENTI INTENSIVI

A parte il cane, il gatto e i piccoli animali da affezione, in linea di massima, gli animali domestici furono posti nella loro attuale condizione da antichi esseri umani che desideravano ricavarne qualche utilità: forza lavoro, latte, lana, pelle, carne, uova, piume e altro ancora. L'umanità non sarebbe oggi ciò che è e certamente non si potrebbe permettere il lusso di opinioni e pensieri tanto variegati e articolati se alle sue spalle non vi fossero stati tanti animali domestici a indirizzarne e condizionarne l'evoluzione culturale.

Non sempre i rapporti dei nostri antenati con i loro animali domestici sono stati idilliaci e anzi, abbastanza spesso, questi sono stati turbati da abusi e crudeltà generati soprattutto da ignoranza e superstizione. Tuttavia, ciò che di nuovo e di veramente inquietante è avvenuto negli ultimi decenni è stato un silenzioso cambiamento che sempre di più ci ha allontanato e ci sta allontanando dalla vasta categoria degli animali domestici destinati a fornirci cibo. In punta di piedi, senza che il consumatore medio se ne accorgesse, gli allevamenti si sono trasformati in fabbriche di sofferenza in cui gli animali destinati a fornire carne, ma talvolta anche uova o latte, sono addensati in concentrazioni inimmaginabili, conducono una vita squallida e penosa e alla fine vanno incontro a una morte che, onestamente, a dir poco, dà i brividi.

In passato ho sostenuto, e ancora oggi non ho cambiato idea, che il problema fondamentale dell'allevamento di animali da carne non stia tanto nella loro uccisione finale ma soprattutto nella qualità della vita che viene loro concessa. Personalmente, non mi fanno pena le mucche alpine che, dopo una vita trascorsa a brucare erba fresca e odorosa all'aria aperta, vanno a fornire carne per un buon brasato o spezzatino. Ciò che invece mi dispiace è di vedere diversi animali come vitelli, polli e maiali ridotti in spazi minimi e forzati psicologicamente a nutrirsi in continuazione per raggiungere il peso previsto nei tempi programmati. L'industrializzazione degli allevamenti li ha trasformati in qualcosa di spaventoso cui non si può neppure pensare se si vuole continuare a consumare carne. Ci si può anche sforzare di minimizzare i problemi selezionando animali caratterizzati da tendenze sedentarie e da emozioni non molto forti, ma anche così il problema resta. Non è facile, evidentemente, entrare nella mente di un maiale o di un pollo mantenuti in un allevamento intensivo, immaginare le sensazioni, le aspirazioni, le sofferenze di questi animali, però possiamo essere certi che, piccole o grandi che siano, queste sono cose che esistono. Che gli animali abbiano pensieri e un certo grado di coscienza è ormai una convinzione scientifica diffusa e ben fondata. Da questa realtà, forse non consegue automaticamente che sia inaccettabile mangiarli, però certamente consegue che un fondamentale precetto morale sia quello di evitare quanto più possibile che soffrano e di dimostrare in modo concreto la nostra gratitudine per i servizi che, consapevolmente o meno, ci offrono. Il meno che possiamo fare, dunque, è di garantire loro una qualità di vita che sia la migliore possibile, anche se questo dovesse significare un aumento dei costi di produzione.

A ben guardare, la crisi presente è scoppiata sia per l'aumento demografico incontrollato della nostra specie, sia per il continuo miglioramento del tenore di vita di un numero crescente di persone che oggi desiderano mangiare meglio. Questi due fattori hanno moltiplicato la richiesta sul mercato di proteine animali. L'industria, come sempre accade, ha cercato di produrre al costo più basso possibile senza tenere alcun conto del benessere degli animali. Le associazioni animaliste hanno reagito chiedendo leggi di tutela, l'Unione Europea ha risposto, a mio parere, finora in modo molto parziale, gli Stati Uniti in modo non molto soddisfacente né dal punto di vista del benessere degli animali né da quello della qualità dei prodotti alimentari. L'ulteriore reazione di alcuni è stata quella di rifugiarsi in diete di tipo vegetariano o addirittura vegano (cioè escludendo anche uova e latte), una soluzione che, negli ultimi anni, da puramente individuale, ha presentato una costante tendenza ad allargarsi incidendo sempre di più sul mercato. Secondo l'AVI (Associazione Vegetariani d'Italia), infatti, vegetariani sarebbero oggi addirittura il dieci per cento degli italiani. Meno ottimistica è l'Eurispes che, nel "Rapporto Italia 2012" li valuta al tre per cento (quasi due milioni), il che comunque porterebbe l'Italia, ai primi posti nel mondo per la scelta di questo tipo di dieta. Anche negli Stati Uniti, comunque, una persona su dieci dichiara di essere vegetariana, anche se forse si tratta più di una dieta tendenziale piuttosto che assoluta.

Del resto, la dieta vegetariana è decisamente sana e l'unico serio inconveniente che essa comporta è l'assenza della vitamina B12 che quindi deve essere assunta in integrazione. La mancata assunzione di vitamina B12 durante la gravidanza e l'allattamento condurrebbe a gravi effetti avversi sul bambino, quali arresto o regressione della crescita, ipotonia, atrofia cerebrale, anemia megaloblastica, riduzione delle capacità motorie e difetti neurologici permanenti. È chiaro, quindi, che una dieta strettamente vegetariana è applicabile soltanto nei paesi sviluppati e ben dotati di assistenza medica, tuttavia è anche vero che essa non ha altre serie controindicazioni e che molti recenti studi scientifici confermano la sua validità non soltanto medica ma anche ecologica. Ad esempio, per quanto riguarda le emissioni di gas serra, da uno studio del 2008 condotto dall'Institute for Ecological Economy Research di Berlino avente lo scopo di indagare l'impatto dell'agricoltura e dell'allevamento sull'effetto serra, emerge che, rispetto a una dieta a base di cibi di origine animale, una dieta vegetariana ha un impatto ecologico ridotto circa alla metà e una vegana addirittura a un quarto. Inoltre, uno studio del 2003 condotto da ricercatori della Cornell University di New York ha constatato come «il sistema alimentare basato sul consumo di carne richieda non soltanto più energia, ma anche una maggiore superficie agricola e una maggiore quantità di acqua rispetto alla dieta latto-ovo-vegetariana». A un'analoga conclusione sono giunti i ricercatori della Loma Linda University in uno studio del 2009, in cui è stato rilevato che «...la dieta non-vegetariana richiede 2,9 volte più acqua, 2,5 volte più energia, 13 volte più fertilizzanti e 1,4 volte più pesticidi rispetto alla dieta latto-ovo-vegetariana».

Questi risultati sono certamente utili ma vanno anche presi con un minimo di senso critico per diversi motivi. In primo luogo, i calcoli di questi studi sono effettuati sulla base dell'alimentazione dei bovini negli allevamenti dei paesi ricchi che usano in larga misura anche cereali potenzialmente utilizzabili per l'alimentazione umana. Ciò costituisce non soltanto un autentico spreco, dato che i bovini sono in grado di digerire senza problemi la cellulosa, ma anche un autentico schiaffo in faccia ai paesi poveri che, a causa dell'aumento di prezzo dei cereali legato al loro uso anche come mangimi animali e al conseguente aumento della domanda, si vengono invece a trovare in gravi difficoltà alimentari. Se i bovini fossero allevati a base di fieno e di mangimi basati essenzialmente sulla cellulosa, l'impatto ecologico della carne diminuirebbe.

D'altra parte, se per pura ipotesi la scelta vegana avesse un successo totale, gli allevamenti di animali domestici scomparirebbero del tutto e la concimazione dei coltivi si dovrebbe unicamente basare su prodotti chimici. Un po' meglio, da questo punto di vista, funzionerebbe un mondo vegetariano in cui rimanessero ancora mucche da latte e galline ovaiole, ma a fronte della disponibilità di una certa quantità di concime biologico, resterebbe il problema della sorte dei vitelli e pulcini maschi. Piuttosto che sopprimerli semplicemente, scelta che evidentemente sarebbe giudicata non etica ma difficilmente eludibile, forse sarebbero utilizzati come tali o dopo un certo periodo di ingrasso come mangimi per cani e gatti che comunque resterebbero carnivori tali e quali sono ora, anche quando i loro padroni non lo sono. Sarebbe un mondo strano e sbilanciato, il che ci suggerisce che probabilmente la scelta migliore a livello di comunità sia semplicemente quella di ridurre il consumo di carne e di renderne più razionale la produzione, utilizzando a fondo le caratteristiche biologiche degli animali che vengono allevati ed evitando sprechi. La nostra specie si è evoluta come onnivora, con un consumo di proteine animali pari a circa il dieci per cento del fabbisogno totale di calorie. Usando in modo più razionale le risorse agricole e quelle marine, si potrebbe pensare di razionalizzare e al tempo stesso anche ridurre il consumo di carne pro capite, almeno nei paesi più sviluppati, con l'obiettivo di migliorare le situazioni di produzione negli allevamenti intensivi, anzi di trasformare gli allevamenti intensivi in qualcosa di più accettabile dal punto di vista etico. Nell'Unione Europea, qualcosa si è anche iniziato a fare classificando le uova prodotte a seconda delle condizioni di mantenimento delle galline ovaiole. Tuttavia è anche vero che qualsiasi iniziativa varrà ben poco finché non si riuscirà a stabilizzare la popolazione umana mondiale e le relative abitudini alimentari. Se l'attuale tendenza all'aumento demografico dovesse proseguire ancora per molti anni, forse tra mezzo secolo anche una buona dieta vegana potrebbe diventare un sogno proibito per la maggior parte degli abitanti di questo pianeta. Speriamo che non si debba mai arrivare a questo punto, ma è anche vero che la speranza viene definita *pia* quando non è accompagnata da opportune azioni.

16. *VIVISEZIONE*

Storicamente, il termine *vivisezione* si riferisce agli esperimenti su animali vivi compiuti a scopo di studio nei secoli diciottesimo e diciannovesimo. A me viene subito in mente il medico italiano Lazzaro Spallanzani che pure realizzò notevoli scoperte facendo tuttavia soffrire molte sfortunate rane. Oggi il termine suddetto viene spesso usato dai critici della sperimentazione sugli animali (che perciò si definiscono anche *antivivisezionisti*) per indicare, con un'indebita estensione, qualsiasi tipo di sperimentazione sugli animali, in virtù della connotazione negativa del termine che implica nell'immaginario collettivo tortura, sofferenza e morte. Inoltre, per estensione, viene ormai regolarmente usato con lo stesso significato anche dai mezzi di comunicazione e persino in documenti politici o giuridici, indubbiamente da parte di magistrati e politici male informati. Anche su alcune enciclopedie e dizionari il termine *vivisezione* è stato indicato come sinonimo di sperimentazione sugli animali. Ad esempio, nell'*Encyclopædia Britannica* si legge: «Vivisezione: operazione su un animale vivo per scopi sperimentali o terapeutici; più in generale, qualsiasi esperimento su animali vivi». In ambiente scientifico però il disinvolto interscambio tra i due termini *vivisezione* e *sperimentazione sugli animali* non può essere accettato perché si tratta di due cose ben diverse che, a mio parere, vengono artatamente confuse per motivi ideologici, peraltro molto difficili da comprendere di primo acchito.

Infatti, si può anche essere contrari in modo assoluto agli esperimenti su animali, come, per esempio, lo è il filosofo americano animalista Tom Regan che sostiene che nessuna utilità da parte umana può giustificare il sacrificio di un altro essere vivente senziente e avente, per questo stesso motivo, un *valore intrinseco*. Secondo Regan, quindi, non si può provocare la sofferenza e la morte di topi o altre cavie nemmeno per salvare eventualmente la vita di esseri umani o di altri animali. Una tale posizione è, in tutta evidenza, estremista e assolutamente non condivisibile in una società civile, evoluta e anche con un minimo di nozioni ecologiche. Qualcuno potrebbe tuttavia considerarla come rispettabile in quanto coerente con le premesse ideologiche assolutistiche di questo personaggio ma in generale sono pochi coloro che pensano che un principio morale possa essere così assoluto da giustificare conseguenze disastrose, tanto è vero che la stragrande maggioranza della gente pensa addirittura che sia accettabile di uccidere un altro essere umano per difendersi o per difendere la patria da un nemico e addirittura che, in caso di gravi difficoltà in una gravidanza, sia ragionevole sacrificare un feto per salvare la vita della madre. Possiamo dire dunque che l'idea prevalente sia che la morale non debba limitarsi a prescrivere ciò che è lecito e ciò che non lo è in astratto ma anche come ci si debba o possa comportare in caso di conflitto tra due esigenze diverse e contrastanti. In questo caso, sapendo che la sperimentazione su animali può contribuire e in effetti ha già contribuito a salvare centinaia di migliaia o milioni di vite umane, mi pare evidente che queste siano preferibili a quelle dei topi, anche se si tratta di topi senzienti e innocenti, perlomeno quanto lo può essere un topo. Tanto basta per me anche per considerare assurde e inaccettabili le proteste di coloro che pretendono di anteporre il benessere e la vita dei topi al progresso della cura delle malattie che possono colpire sia gli esseri umani sia gli animali.

Ciò che ancor di più mi pare inaccettabile è il tipo di propaganda menzognera messa in atto dai sedicenti antivivisezionisti che, per ottenere un consenso altrimenti impossibile, affermano a muso duro l'inutilità della sperimentazione ai fini della ricerca scientifica e dello sviluppo di nuove terapie, cioè l'esatto contrario della realtà. Questa disinvolta menzogna viene ripetuta con tale insistenza e con tale arrogante sicurezza da far presa non solo sulle menti deboli ma anche sulle persone male informate e di scarsa cultura. Non capisco davvero quale sia lo scopo di questa distorsione della realtà, non riesco in alcun modo a vederne un motivo valido e alla fine l'unica spiegazione che riesco a darmi è che si tratti di uno strisciante interesse economico. La propaganda fuorviante induce un gran numero di persone ad appoggiare idee e persino religioni prive di fondamento che tuttavia servono a fornire un potere politico ed economico, piccolo o grande che sia, a chi ne controlla il flusso. Se il controllore è una persona priva di qualifiche tecniche e professionali, potrà anche godere della sensazione esaltante di tenere in scacco i sedicenti sapienti nei confronti dei quali, se non avesse messo in moto il suo strumento di propaganda, si troverebbe invece fatalmente in una inevitabile situazione di inferiorità sociale e culturale. Così, un allievo bocciato può vendicarsi del suo professore, così l'ignoranza e la fede in un presunto messia, come nel medioevo, sono considerate mezzi di salvezza e di riscatto contro le pretese della scienza che viene invece trattata come volgare stregoneria. Non importa che la scienza medica progredisca, che le malattie vengano sempre più facilmente diagnosticate e curate. Basta continuare a negare a muso duro che sia così, basta insistere a calunniare, qualcosa resta sempre, specialmente se i difensori della sperimentazione si muovono con troppa timidezza, se cercano in qualche modo un dialogo invece di "chiamare le stupidaggini con il loro nome", come invita a fare il premio Nobel James Watson, lo scopritore della struttura del DNA.

In effetti, non appena si pronuncia la parola "vivisezione", la gente comune priva di informazione oggettiva pensa immediatamente a sfortunati cani, gatti o scimmie straziati senza anestesia da pazzoidi esaltati che tentano insulsamente e sadicamente di costruire mostri o di infliggere tormenti che non serviranno a nulla e a nessuno. La verità è che la sperimentazione viene effettuata, nella massima parte dei casi (98-99%) su ratti, cavie, topi e conigli e che essa consiste generalmente nella somministrazione agli animali di varie dosi di nuovi farmaci con i quali si spera di migliorare le terapie di determinate malattie. A me personalmente risulta molto fastidioso che la stessa gente che rispetta il suo dentista, il suo ginecologo o il suo pediatra si senta poi autorizzata a disprezzare i medici e i biologi che lavorano nell'ombra, generalmente con un reddito netto decisamente minore di quello dei liberi professionisti, per migliorare l'efficienza delle loro diagnosi e terapie.

Per qualche motivo che non è chiaro fino in fondo ma intorno a cui è lecito prendere in seria considerazione le peggiori ipotesi possibili, qualcuno sembra volere sfruttare a proprio vantaggio la generale disinformazione del grande pubblico. Perlomeno, questo è quanto viene fatto di pensare di fronte ad azioni che a me pare doveroso di definire squadriste come quelle prima ispirate e poi giustificate dalla signora Maria Vittoria Brambilla nell'allevamento di cani Beagles di Green Hill o quelle del gruppo di giovani che, nel corso del 2013, si introdussero nello stabulario del dipartimento di Farmacologia dell'università di Milano provocando gravi danni. Anche la presa di posizione del M5S contro la "vivisezione" e la raccolta di firme per il progetto "Stop vivisection" sono iniziative sulle quali sarebbe bene intervistare a fondo i promotori per cercare di chiarire le loro motivazioni reali. Certo, non si può ignorare il fatto che la LAV (Lega anti vivisezione), nel corso dell'ultimo anno della sua attività, grazie alla sua campagna confusionaria, è riuscita a raccogliere ben 4 milioni di euro che, in definitiva, vengono largamente utilizzati per finanziare propaganda contro la ricerca medica. Si noti anche che la LAV non si è mai dissociata dalle azioni criminali degli squadristi.

Gli obiettivi principali che i terroristi dell'Animal Liberation Front (ALF) dichiarano di perseguire sono:

È anche vero che non tutti gli esperimenti portano a grandi scoperte e che a posteriori alcuni esperimenti possono risultare superflui. Tuttavia, questa è una caratteristica generale della ricerca scientifica che non può certo pretendere un successo del cento per cento di ogni suo esperimento, altrimenti ricerca non sarebbe affatto. Quanto all'obiezione, ripetuta fino allo spasimo, sulle differenze esistenti tra esseri umani e topi, si deve continuare a rispondere che certamente queste esistono ma molte di più sono le analogie che giustificano i paralleli e le generalizzazioni. E, a tutti coloro che agitano i cosiddetti metodi alternativi, magari oggi i modelli matematici, vorrei rispondere con una frase del grande zoologo israeliano Amos Zahavi che, al contrario, veniva accusato da alcuni critici di considerare gli uccelli con un metro eccessivamente antropomorfico. «So molto bene» lo udii affermare nel 1986 a Ottawa in occasione di un congresso specializzato «che gli uccelli non sono esseri umani, ma spero che mi concederete che, con due occhi, due orecchie, una bocca e due zampe, assomigliano più a un essere umano che a un modello matematico».

17. GIOCHI DI MANI

"Giochi di mani, giochi di villani" ammoniva mia nonna quando mi sorprendeva in atteggiamenti giudicati troppo violenti giocando con altri bambini. I "giochi di piedi" diventavano invece, con una felice assonanza, giochi di carrettieri, con una connotazione ancora una volta di sfrenatezza derivante da una presunta scarsa educazione.

Ci volle tutto l'impegno di una nonna brava e amorevole come la mia per distogliermi da comportamenti giudicati troppo focosi nella moderna società occidentale ma largamente praticati dai bambini. Non riesco, perciò, a capire su quali basi i sedicenti animalisti si divertano a contestare la partecipazione dei cani o dei cavalli a gare di velocità o regolarità e, in generale, a qualsiasi attività che impegni gli animali in un lavoro di un certo impegno. Quando mi capita di imbattermi in questi argomenti non riesco a non pensare di trovarmi di fronte a gente inetta che, in tutta la sua vita, non ha mai seriamente lavorato.

La gente attiva pratica sport anche pericolosi. I bimbi tanto piccoli da non potere ancora parlare se non in modo approssimativo saltano sul letto come scoiattoli e corrono a rotta di collo. Da adulti nuotano, si immergono con o senza bombole, si arrampicano su alberi e su pareti di roccia verticali e rischiano la vita in molti altri modi ricavandone gioia e anzi esaltazione. Molti animali fanno anche di più e meglio. I camosci si spostano su orli strettissimi di pareti verticali, saltano superando precipizi spaventosi, le gazzelle e molti altri erbivori corrono quasi alla velocità di un'auto lanciata su una autostrada, inseguiti da un ghepardo che tenta di raggiungerli per ucciderli, i predatori si fronteggiano minacciandosi di morte e ben presto passando alle vie di fatto di fronte alla carcassa di una preda, più in generale la vita è dura per tutti, il lavoro da svolgere per procurarsi un pasto è impegnativo e di non facile esito. Perciò, non c'è nulla di strano né tantomeno di scandaloso se un asino tira un carretto o porta un basto, se un cane dimostra di saper percorrere meglio di un altro una pista di regolarità, se un cavallo corre per vincere, se uno scimpanzé viene tenuto impegnato in un laboratorio a dimostrare la sua intelligenza. Molti animali sono più forti, più resistenti e anche più intelligenti di quanto la gente non immagini. Si divertono nelle competizioni e sono orgogliosi di vincere. Beninteso, esistono anche animali, per esempio i gatti e i pappagalli, che pur essendo abbastanza sociali, non sempre sono cooperativi. Se non sono dell'umore giusto, non c'è insistenza che tenga, si rifiuteranno di cooperare e del progetto in ballo non si potrà fare nulla. Ricordo un video del famoso pappagallo cenerino Alex, che veniva esortato a fare qualcosa dalla sua addestratrice, la dottoressa Irene Pepperberg. Il pappagallo non era in vena e continuava a rispondere "no", finché a un certo punto disse distintamente "no, me ne vado" cominciando a camminare sul posatoio in direzione opposta a quella della sua addestratrice.

A volte, si potrà dire, la preoccupazione dei presunti animalisti non è tanto che l'animale sia costretto a un lavoro che non gradisce quanto che corra il pericolo di un grave incidente. Esempio tipico di un tale modo di pensare è il Palio di Siena, famosa manifestazione storica che attira a Siena un gran numero di visitatori e che appassiona i senesi in misura quasi incredibile. La corsa, obiettano i suoi critici, si svolge su un terreno inadatto e gli incidenti sono frequenti, i cavalli possono cadere e azzopparsi e (questo sono io ad aggiungerlo) anche i fantini possono farsi molto male.

Che dire? Non è una critica infondata, così come non lo sono quelle alle corse automobilistiche e motociclistiche dove, inevitabilmente, prima o poi ci scappa il morto. Ho conosciuto personalmente il marito desolato di una signora che, poco più che trentenne, ha perso la vita partecipando a una gara di regolarità semplicemente in bicicletta. La vita non è sempre facile, solo poche persone molto ricche e privilegiate e anche poco sportive possono pensare di non dovere mai affrontare alcuna fatica né correre alcun rischio. Non trovo nulla di scandaloso nel fatto che gli animali partecipino insieme a esseri umani a iniziative che possono anche dar luogo a incidenti. Mi pare doveroso fare tutto ciò che è possibile per evitare che questi incidenti accadano ma mi pare anche giusto, nel valutare le iniziative di cui sopra, che si tenga conto di tutto ciò che entra in ballo. Nulla ci impedisce di abolire iniziative tradizionali che non trovano più rispondenza nella sensibilità e nell'etica prevalente, tanto è vero che quasi tutti sono d'accordo che sia stata una buona cosa l'abolizione degli scontri di cani, di galli o di cani con orsi, di cani con tori o ancora di esseri umani con tori. La corrida era quasi un simbolo della Spagna ma era anche un residuo barbaro delle lotte sanguinose nelle arene romane e bene hanno fatto i governi delle regioni spagnole che l'hanno abolita. Però c'è una bella differenza tra uno scontro cruento nel quale è prevista o prevedibile la morte di una delle due parti e una gara di corsa sulla quale pende il pericolo di un possibile incidente.

In generale, nel valutare le tradizioni che coinvolgono animali, mi pare che sia giusto mantenere un atteggiamento non eccessivamente protettivo nei confronti di protagonisti che, a ben guardare, non desiderano di essere troppo protetti. Il rischio calcolato e dosato fa parte del sale della vita, a toglierlo forse si allunga la vita di qualcuno ma la si rende anche più monotona e meno degna di essere vissuta.

18. CACCIA E PESCA

Mentre nel mondo si organizzano come un esercito santo i gruppi per la salvezza degli animali domestici, quelli selvatici vengono sterminati nell'indifferenza quasi generale. In mare vengono uccisi cetacei e squali e viene pescato quasi di tutto, in terra le foreste tropicali vengono saccheggiate riducendo i suoi abitanti a strisce di carne secca mentre nelle zone temperate la caccia cosiddetta sportiva mantiene costantemente sotto pressione la fauna superstite. Il mondo animalista non si interessa di questi problemi e paradossalmente, se interviene per salvare qualche animale selvatico, lo fa quando non sarebbe il caso di farlo. Ormai famoso è il caso dello scoiattolo grigio americano, incautamente introdotto in Italia settentrionale, del quale un pretore animalista impedì la totale rimozione quando forse era ancora possibile. Oggi la specie si è ormai ampiamente diffusa in Piemonte e Lombardia e minaccia la sopravvivenza dello scoiattolo europeo che, in Inghilterra, è già stato completamente spiazzato da un virus introdotto dall'invadente cugino americano. Il comportamento degli animalisti in questa vicenda fu talmente assurdo da attirare addirittura l'attenzione della rivista scientifica *Conservation Biology* che affrontò l'argomento con un editoriale, ovviamente a favore della conservazione.

Credo tuttavia che sia molto importante che il mondo che si considera animalista possa essere almeno parzialmente recuperato, che riesca a precisare e mettere meglio a fuoco le sue battaglie che, io credo, vorrebbero anche essere a favore della fauna e perciò, in questo ultimo capitolo, proporrò alcuni temi prioritari che mi pare che potrebbero diventare un terreno di utile incontro con i diversi gruppi che si occupano di conservazione, spesso anche con un vivo interesse al benessere degli animali.

In mare, la pesca commerciale non rappresenta un argomento che stia particolarmente a cuore agli animalisti. Chissà perché, parlare di diritti dei pesci risulta poco convincente persino per loro e anche la campagna da poco tempo lanciata a favore degli squali, uccisi a milioni per la futile zuppa cinese delle loro pinne, non riesce a suscitare la stessa empatia di quella degli animali da pelliccia. La buona notizia è che la cattura di pesce in mare, in pochi anni, si è dimezzata in concomitanza con il rapido aumento di produzione di pesce con l'acquacultura: dal quasi mezzo milione di tonnellate del 2003, in Italia, si è passati a poco più di un quarto, con la differenza coperta in parte dall'acquacultura e in parte da una diminuzione del dieci per cento nel consumo di pesce. La cattiva notizia a livello internazionale è che l'acquacultura dovrebbe essere rapidamente regolata per non diventare un micidiale mezzo di distruzione di alcuni ecosistemi costieri con tutti i suoi abitanti, primo tra tutti quello delle foreste a mangrovie che vanno scomparendo dal sud-est asiatico mentre si moltiplica la produzione di gamberetti.

Un sicuro terreno di intesa potrebbe essere invece la protezione delle balene, tuttora insidiate dai giapponesi che non hanno ancora aderito al bando alla loro caccia, anche se il crollo demografico di alcune specie è arrivato al 95%. Per alcune specie di balene, il recupero demografico è molto faticoso perché, nel periodo in cui la loro popolazione è crollata, il loro nutrimento di elezione, il *krill* (gamberetti artici) ha cominciato a essere usato da altri animali, ivi inclusi gli esseri umani che lo commercializzano col nome fuorviante di *surimi*. Il recupero dell'antico equilibrio è tutt'altro che facile e se ai problemi generali si aggiunge anche quello di una mortalità non necessaria, potrebbe diventare impossibile.

Anche negli ambienti terrestri c'è una vecchia battaglia, quella riguardante la caccia cosiddetta sportiva, che in futuro potrebbe avvicinare i due gruppi. Ciò accade, purtroppo, perché da un lato i cacciatori non si sono tanto evoluti, dall'altro perché sono diminuiti di numero e hanno perso non solo una parte del loro potere ma purtroppo anche una buona parte della piccola dose di cacciatori-gentiluomini che forse sono anche esistiti nel passato ma che oggi, tra i fucilatori di cicogne nere e di ibis eremiti, è sempre più difficile trovare nell'ambiente venatorio. In passato sono intervenuto più di una volta nelle contese generate dai referendum che più di una volta sono stati proposti per l'abolizione della caccia. Sono sceso in campo a difesa dei cacciatori sostenendo che l'attività venatoria, per potere essere esercitata, richiede ambienti naturali intatti e sane popolazioni di fauna. Oggi non sono più tanto convinto di questo, purtroppo ho notato che l'unica cosa che davvero interessa alla maggioranza dei cacciatori è di potere sparare sempre e comunque. Se li si interpella chiedendo appoggio per l'istituzione di una zona protetta rispondono picche. Mi pare inutile aiutarli a mantenere in vita un'attività che noi non condividiamo quando loro non sono disposti a fare nulla per la conservazione che dovrebbe interessare tutti, senza eccezione. Sempre più spesso mi viene fatto di pensare: che si arrangino pure da soli, a poco a poco mi stanno facendo diventare un integralista anti-caccia. Del resto, a parte la caccia agli Ungulati che sembra essere l'unica abbastanza ben regolata, tutti gli altri tipi sono organizzati a spanne e, se c'è qualcosa che non va, non ci si accorge di nulla finché la situazione non è diventata abbastanza grave. Oggi, con l'attuale affollamento demografico umano e con i problemi creati alla fauna selvatica dall'urbanizzazione, l'agricoltura intensiva, il cambiamento climatico e quant'altro, non abbiamo certo bisogno che intervengano anche i cacciatori a complicare la situazione. C'è quindi da augurarsi che il fenomeno continui a regredire a poco a poco e alla fine si trasformi in qualcosa di molto più piccolo e molto più facilmente gestibile. La caccia ha un senso quando contribuisce alla produzione di proteine animali in un ambiente naturale intatto o quasi, come accade nelle foreste nordiche per l'alce, nella tundra per la renna (anche se quest'ultima rappresenta quasi un caso di allevamento) e per il cinghiale nei boschi europei. Molto più problematiche appaiono le cacce a uccelli migratori o anche stanziali a bassa densità di popolazione come i Tetraonidi.

Ancora più problematiche appaiono le cacce indiscriminate condotte nei paesi più poveri dell'Africa subsahariana su scimmie, elefanti, antilopi di foresta e altri animali per raccogliere carne a basso costo da offrire su un mercato poverissimo a gente affamata. Si parla di un milione di tonnellate di carne di animali di foresta nella sola Africa centrale. Purtroppo le specie più prese di mira sono proprio quelle che dovrebbero essere conservate con maggiore cura, le grandi scimmie antropomorfe, gorilla, scimpanzé, bonobo, seguite da colobi, cercopitechi, antilopi di foresta e tutto ciò che può fornire strisce di carne da seccare al sole, senza alcun riguardo a nessun altro aspetto della questione. Uno dei più drammatici tra questi aspetti riguarda la particolare natura del nostro rapporto con le scimmie antropomorfe, non solo specie a rischio di estinzione, ma anche nostri stretti parenti capaci di pensare, di agire e di soffrire come noi. Purtroppo, a onta di tutto ciò, questi animali finiscono a pezzi, anzi a strisce nei mercati africani come se si trattasse di animali da cortile qualsiasi, senza che questo oggettivo orribile crimine, più orribile ancora perché commesso da poveri affamati che non sanno quello che fanno, faccia scalpore nemmeno una centesima parte di quanto non riescano a farlo molte altre questioni più o meno irrilevanti delle quali abbiamo parlato nel corso di questo libro.

A coloro che si definiscono orgogliosamente (e, vorrei proprio aggiungere, anche incoscientemente) animalisti vorrei quindi dire: questa è una battaglia per voi, questi animali tanto speciali, veri e propri questi uomini selvaggi di foresta che amano, che soffrono, che con la loro stessa natura tanto ci suggeriscono del nostro stretto legame con tutto il resto del mondo vivente, che tanto si avvicinano alla conoscenza del bene e del male, meritano la nostra attenzione mille volte di più di qualsiasi altra creatura che su questa Terra riesca a suscitare la vostra pietà. Concedete ad essi l'attenzione che meritano, riversate su di essi le risorse che la gente comune vi mette a disposizione perché ama ciò che di umano, vorrei dire di spirituale, intravede negli animali. Non lasciate soli questi nostri stretti parenti che rimasero nella foresta, che non vollero o non poterono seguirci nel nostro cammino verso il fuoco, l'agricoltura, la tecnologia e tutto il resto. Credete, anche noi siamo e vogliamo essere animalisti, vogliamo amare, rispettare e difendere gli animali non umani, però *diversamente,* cioè seriamente e coscienziosamente.

APPENDICE: PRINCIPI E AZIONI DEL GRUPPO TERRORISTA ANIMAL LIBERATION FRONT

-

- Infliggere un danno economico a coloro che traggono profitto dal tormento e dallo sfruttamento degli animali;

- Liberare gli animali dai luoghi di abuso, come laboratori, industrie, allevamenti di animali da pelliccia ecc. e sistemarli in luoghi di pace dove possano vivere le loro vite naturali, liberi dalle sofferenze

- Rivelare l'orrore e le atrocità commesse contro gli animali dietro le porte chiuse, usando azioni dirette non violente e liberazioni

- Prendere tutte le necessarie precauzioni per evitare di arrecare danno ad animali, umani e non

- Ogni gruppo di individui vegetariani o vegani che fa azioni in accordo con le linee guida dell'ALF ha il diritto di sentirsi parte dell'ALF

Le principali azioni dell'ALF negli ultimi quattro decenni sono:

- 1977. Lake District, Gran Bretagna. Dissacrazione della tomba del famoso cacciatore John Peel.

- 1977. New York. Furto di quattro animali da un laboratorio di ricerca della New York University.

- 1982. Maryland. Università Statale. Danneggiamenti. Ritenuto dallo FBI il primo atto terroristico di matrice animalista negli U.S.A.

- 25 dicembre 1983. Los Angeles, California. Centro Medico della University of California at Los Angeles. Scasso e furto. Danni: $ 58.000.

- 29 maggio 1984. Philadelphia, Pennsylvania. University of Pennsylvania. Scasso e furto. Danni: $ 20.000.

- 9 dicembre 1984. Duarte, California. Istituto di Ricerca e Centro Medico "City of Hope". Scasso e furto. Danni: oltre $ 400.000.

- 1984. Londra. Falso annuncio d'inquinamento di barrette al cioccolato della Mars Company. Il ritiro del prodotto dal mercato causò danni nell'ammontare di circa £ 3.000.000.

- 20 aprile 1985. Riverside, California. Centro medico della sede locale della University of California. Scasso e furto. Danni: $ 600.000.

- 1° maggio 1986. Gilroy, California. Laboratori "Simonsen". Atti vandalici. Danni emergenti: $ 165.000.

- 26 ottobre 1986. Eugene, Oregon. Centro di ricerche mediche della University of Oregon. Scasso e furto. Danni: $ 50.000.

- 24 novembre 1986. Wilton, California. Allevamento di tacchini "Omega & HMS". Furto e atti vandalici. Danni: $ 12.000.

- 6 dicembre 1986. Bethesda, Maryland. Società "SEMA" e Istituto Nazionale di Sanità. Furto. Danni: $ 100.000.

- 16 aprile 1987. Davis, California. Laboratorio Veterinario Diagnostico della Universirty of California. Incendio doloso ed atti vandalici. Danni: $ 4.500.000.

- 1° settembre 1987. Santa Clara, California. Società Vitello e Manzo "San Jose Valley". Incendio doloso. Danni: $ 35.000.

- 25 novembre 1987. San Jose, California. Società Carni "Ferrara". Incendio doloso. Danni: $ 420.000.

- 28 novembre 1987. Santa Clara, California. Pollame "V.Melani". Incendio doloso e atti vandalici. Danni: $ 230.000.

- 1987. Cardiff e Luton, Gran Bretagna. Rispettivi reparti di pellicceria della "Debenham". Incendi dolosi.

- 5 giugno 1988. San Jose, California. Società Confezionamento Carni "Sun Valley". Incendio doloso e atti vandalici. Danni: $ 300.000.

- 15 agosto 1988. Loma Linda, California. Centro di ricerche mediche della Loma Linda University. Scasso e furto. Danni: $ 10.000.

- 3 novembre 1988. San Vito al Tagliamento, Pordenone. Fattoria Bottos dell'azienda Le Pissarelle. Furto di 2000 visoni. Ritenuto il primo attentato animalista in Italia.

- Dicembre 1988. Plymouth, Gran Bretagna. Grandi Magazzini "Dingles". Incendio doloso.

- Febbraio 1989. Bristol, Gran Bretagna. Detonazione di ordigni esplosivi al plastico nei locali del Senato Accademico e della mensa dell'Università.

- 2 aprile 1989. Tucson, Arizona. Centro di Scienze della Sanità della University of Arizona. Scasso, incendio doloso e furto. Danni: $ 250.000.

- 1° luglio 1989. Lubbock, Texas. Centro di ricerche mediche della Texas Tech University. Scasso. Danni: $ 75.000.

- 1989. Padova. Laboratorio del Centro di Chirurgia Sperimentale del Policlinico. Furto di cavie, conigli, topi e visoni.

- 1989. Pordenone. Furto di centinaia di visoni e fagiani.

- 1989. Udine. Sede di un'associazione di cacciatori. Incendio doloso.

- 1990. Milano. Atti vandalici contro un negozio di animali e un'azienda farmaceutica.

- 10 giugno 1991. Corvallis, Oregon. Centro di ricerche mediche della Oregon State University. Scasso, incendio doloso e atti vandalici. Danni. $ 75.000.

- 1991. Bologna. Locali di un'azienda farmaceutica. Incendio doloso.

- Gennaio 1992. Bologna. Azione contro la Centrale del latte.

- 28 febbraio 1992. East Lansing, Michigan. Laboratorio di Ricerca della Michigan State University. Scasso e incendio doloso. Danni: $ 125.000.

- 24 ottobre 1992. Logan, Utah. Centro di ricerche mediche della Utah State University. Scasso e incendio doloso. Danni: $ 110.000.

- 10 novembre 1992. Minneapolis, Minnesota. Autocarri adibiti al trasporto delle macellerie "Swanson". Incendio doloso. Danni: oltre $ 100.000.

- 1992. Milano e Roma. Sofisticazione alimentare, inserimento di inchiostri in bottiglie e confezioni di latte: tinte di blu e rosso.

- 1992. Canada. Ritiro dal mercato di decine di migliaia di dolciumi "Cold Buster" a seguito di un falso annuncio di contaminazione con un liquido per la pulizia dei forni.

- 4 aprile 1993. Cremella, Lecco. Fallito tentativo di furto da un allevamento.

- 27-28 novembre 1993. Chicago, Illinois. Quattro grandi magazzini per le vendite al pubblico. Esplosione di sei ordigni incendiari e disinnesco di tre.

- Dicembre 1994. Vancouver, Canada. Minaccia di avvelenamento di tacchini.

- 9 settembre 1995. Graffignana, Milano. Un'invasione di vipere attribuita alla dispersione delle stesse sull'area.

- 1995. Canada. Invio di lettere bomba al Ministro dell'Agricoltura britannico in visita ufficiale.

- 8 aprile 1996. Bologna. Ospedale Sant'Orsola. Furto di due dozzine di topolini bianchi e di un maiale lattonzolo.

- 11 marzo 1997. Sandy, Utah. Sede di una cooperativa agricola. Danneggiamento con ordigni incendiari ed esplosivi. Movente dichiarato nella rivendicazione: rappresaglia per l'incarcerazione di attivisti a Minneapolis, Indianapolis e Syracuse.

- 18 marzo 1997. Davis, California. Centro di Medicina Comparata della University of California. Incendio doloso. Danni: circa $ 1000.

- 20 aprile 1997. Davis, California. Centro Veterinario Diagnostico della University of California. Atti vandalici e resistenza a pubblico ufficiale.

- 29 giugno 1997. Crystal City, Virginia. Punto di ristoro della catena "McDonald's". Atti vandalici e blocco stradale.

- 4 aprile 1998. San Cesareo, Roma. Fallito assalto con ordigni incendiari ai danni di un allevamento.

- Maggio 1998. Firenze. Quattro furgoni della società di distribuzione dolciaria "Nannuzzi, Ferri & Co." Incendio doloso.

- 10 agosto 1998. Una contea dello Hampshire, Gran Bretagna. Furto di 6.000 visoni.

- 10 dicembre 1998. Firenze e Bologna. Due panettoni uno Motta e l'altro Alemagna avvelenati con topicida Racumin vengono recapitati alle rispettive sedi ANSA di entrambe le città, accompagnati dalla minaccia di un avvelenamento generale dei panettoni.

- 16-18 dicembre 1988. Torino. Recapito di falsi pacchi bomba a quattro atelier.

- 28 dicembre 1998. Milano. La locale sede dell'ANSA riceve una polpetta cruda con tracce di topicida Coumatetralyl, assieme ad una nota che annunciava l'avvelenamento di carni e insaccati di tre grandi aziende.

- 4 febbraio 1999. Roma. Redazioni di Adn Kronos e ANSA. Recapito di una barretta di cioccolata Galak assieme all'annuncio di avvelenamento di altre 55 a Bologna.

- 28 marzo 1999. Rimini. Inchiostro rosso versato nell'acquasantiera del Duomo per protestare contro l'usanza di mangiare agnelli durante la Pasqua.

- 19 settembre 1999. Provincia di Milano. Danneggiamento di numerose autovetture per protestare l'apertura della stagione della caccia. Nella lettera di rivendicazione inviata all'ANSA si legge: "Assassini okkio. Oggi le vostre macchine, domani tocca a voi".

- 29 aprile 2012 Invasione dell'allevamento di cani Beagle di Green Hill

- 5 maggio 2012. Mariano Comense (Provincia di Como). Blitz degli animalisti. Fanno fuggire 50 galline [15].

- 1° gennaio 2013. Montelupo Fiorentino. Attentato incendiario contro ditta che produce latticini[16].

- 20 aprile 2013 Invasione del Dipartimento. di Farmacologia di Milano con furto di numerosi ratti facenti parte di esperimenti di carattere farmacologico.

RIFERIMENTI BIBLIOGRAFICI

Darwin C. *On the origin of species, London, John Murray*, 1859

Dawkins R. 2006. *The God delusion.* Bantam Press

Griffin D. 1985. *Animal thinking.* Harvard University Press

Huxley T.H. *Evidence as to Man's Place in Nature*, 1863

Lorenz K. 1949. *L'anello di re Salomone*

Martin P.S. & H.E. Wright 1967. *Pleistocene extinctions.* Yale University Press, New Haven

Massa R. 1990. *L'arca di smeraldo.* Arnoldo Mondadori, Milano

Massa R. 2005. *Il secolo della biodiversità.* Jaca Book, Milano.

Massa R. 2011 *Gli animali domestici, origine, storia, filosofia, evoluzione*, Jaca Book, Milano

Passmore J. 1974 *Man's responsibility for nature*, Gerald Duckworth & Co. Ltd, Londra.

Regan T. 1983 *The case for animal rights*, The Regents of the University of California;

Scruton R. 1996 *Animal rights and wrongs.* CIPG, U.K.

Singer P. 1975, *Animal liberation*

Stewart-Williams S. 2010. *Darwin, God and the meaning of life.* Cambridge University Press.

www.ingramcontent.com/pod-product-compliance
Lightning Source LLC
Chambersburg PA
CBHW072255200526
45168CB00016B/1967

* 9 7 8 1 5 1 4 8 8 0 6 7 8 *